最速合格 第二種

高圧ガス
販売主任者試験

サツキ研究所【編著】

この1冊で合格できる！

- 出題内容の整理と問題解説
- 索引が充実していて調べやすい

テキスト
＋
問題集
＋
巻末模擬テスト

弘文社

はじめに

　高圧ガス販売主任者免状には，第一種と第二種とがあり，次のような区分になっています。本書は，これらのうち 第二種高圧ガス販売主任者免状 を目指される受験者の方に用意したものとなっています。特に，試験に必要な重要事項（要点）を整理してあります。

第一種高圧ガス販売主任者免状

　LP ガスを除く高圧ガスの販売事業所において，高圧ガスの販売に係る保安の実務を含む統括的な業務を行うために必要な資格であって，高圧ガスの販売に関する保安に携わることができます。

第二種高圧ガス販売主任者免状

　LP ガスの販売事業所において，LP ガスの販売に係る保安の実務を含む統括的な業務を行うために必要な資格で，次の二つの場合において選任されることができ，LP ガスの販売に関する保安に携わることができます（選任には実務経験が 6 ヶ月以上必要です）。
　⑴　高圧ガス保安法に規定されるもので，工業用の LP ガスの販売主任者として
　⑵　液化石油ガス法に規定されるもので，一般家庭などで生活の用に供する LP ガスを販売する LP ガス販売所の業務主任者または業務主任者の代理者として

　一般に国家試験の合格のためには 60％ の正解を要求されます。高圧ガス販売の試験もその例にもれず「各科目で 60％」を正解できた方が合格です。「科目平均で 60％」ではないことにご注意下さい。
　国家試験では，100％ の問題の正解を出さなければいけないというものではありません。ですから，「問題をすべて解かなければならない」と思われる必要はありません。少しの時間も惜しんでコツコツと着実に努力していただき，少しずつ解ける問題を増やしていきましょう。それこそが「試験の合格への近道」になるでしょう。
　皆さんのご奮闘を祈念しております。

著者

目　次

受験ガイド

○受験資格

年齢，学歴，経験に関係なく誰でも受験できます。

○試験科目と出題形式

(1) 法令（20問）

主に，3つの文章（イ，ロ，ハ）の記号を組み合わせた5肢択一問題

(2) 保安管理技術（20問）

主に，4つの文章あるいは項目（イ，ロ，ハ，ニ）の記号を組み合わせた5肢択一問題

○試験地

基本的に，都道府県単位で実施されます。

○試験日

通常は，11月の第二日曜日に行われます。

しかし，年度によって変わる可能性もあり，受験される年の試験日を必ずご確認下さい。

○試験問題と試験時間（第一種販売，第二種販売とも）

科目	出題数	試験時間	1問当たりの時間	時刻・時間帯
集合時刻		－	－	9：00
法令	20問	60分	3分	9：30~10：30
保安管理技術	20問	90分	4.5分	11：00~12：30

○受験手数料

試験の種類	インターネット受付	書面受付
第一種販売	7,100円	7,600円
第二種販売	5,500円	6,000円

　これも年度によって変わる可能性がありますので，受験される年のものを確実にご確認下さい。

○受験案内・願書配布

　通常，7月上旬から開始されます。

○受験申込（受付）

　通常，8月下旬～9月上旬の約10日間

　（その年の締切日を確実に確認して，出し忘れのないようにお願いします。）

○合格基準

　各科目60％で合格です。したがって，法令も保安管理技術も，それぞれ20問のうち12問の正解が必要です（「2科目の平均で60％」ではありませんのでご注意下さい）。

○合格発表

　通常，翌年の1月

○お問い合わせ先

　高圧ガス保安協会　試験センター

　〒105-8447　東京都港区虎ノ門4-3-13 ヒューリック神谷町ビル

　　　　　　　　　　　　　（旧名神谷町セントラルプレイス）

　Tel.03-3436-6106 / Fax.03-3436-5746

○試験機関のホームページ

高圧ガス保安協会　　　http://www.khk.or.jp/

本書の勉強の仕方

　勉強の進め方は人それぞれです。ご自分がよいと思われる方法，やり方でやっていただくことがよいと思います。以下，一つの形としてご参考までにお読み下さい。

　本書の第1編の各章と第2編の各節には次のような重要度表示が入っています。参考にして下さい。

重要度A：極めて重要

重要度B：重要

重要度C：比較的重要

　その分野における重要なものとして，「試験によく出る要点」があります。それをあせらずにじっくりと学習下さい。すぐお分かりになるところはスイスイ進めていかれても良いでしょう。みっちりと学習されたい部分には時間をかけましょう。

　高圧ガス販売の試験は基本的に五肢択一問題です。ただし，五肢択一問題といっても，結局一つ一つの文章の正誤が問われる形になっていて，実質的に一問一答となっています。各章の学習をされましたら，まずは，それぞれの章に2〜3問程度用意しています**実戦問題**をやって実力をご確認下さい。そして，全単元がひととおり終わりましたら，巻末に**模擬問題**がありますので，総合的な実戦演習をして本試験に備えましょう。

　分からないことが多い場合でも決してあせることはありません。分からないことを一度になくさなくてもいいのです。少しずつでも減らしていけばいいのです。分からないことがかなり減ったら（決してゼロにならなくても）各章の問題をやってみましょう。

　ウィンストン・チャーチルという昔のイギリスの首相の名言があります。「迷った時は，原則に戻れ！」と。私たちも「分からない時は，基礎に戻れ！」です。分からないことがあっても心配されることはありません。分からないことにぶつかったら，「もう一つ賢くなれるネタが見つかった」と思って喜びましょう。

　実際の試験問題においても，全部を正解にしなくてもよいのです。60％

が正解であれば合格となります。

　いずれにしても，あまり気張りすぎずに，少しずつでも進めていかれることが合格への近道かと思います。

　勉強に疲れたときには，リラックスしましょう。手を伸ばし，背伸びをして，深呼吸をしましょう。温かいお茶などもいいですね。

　試験まで時間の少ないときは，理屈は別として，何が正しいのかを知っておくことで正解できる場合も多いので，そういう意味でも，試験が近くなれば少しの時間でも問題集や学習書を開いて眺めるだけでも役に立つと思います。

　問題集や学習書の70～75％を理解し，本番の試験で60％が取れればたいていの国家試験は合格です。あまりよい言い方ではありませんが，場合によっては，深い理解なしにも，形だけでも分かっていれば正解できることもあります。

試験に臨んで
○問題の解き方

　試験会場では，はじまる前に深呼吸をして心を落ち着けましょう。試験になったら，時間配分をよく考えましょう。計算問題は少ないと思いますが，もしあれば得意な人は先に片付けて，そうでない方は他の問題を先にやって時間を作りましょう。その時でも，後で忘れないようにしなければなりませんね。

　次にそれぞれの問題では，正しいものを選ぶのか誤っているものを選ぶのかを確認してから，問題文を丁寧に読んで，確実に除外できる選択肢を消してゆきましょう。どうしても消せないものが2つか3つ残れば，もう一度問題文に戻って問題の真意を再確認して残る選択肢を比較しましょう。

　高圧ガス販売の試験では，法令が60分で20問（1問当たり3分），保安管理技術が90分で20問（1問当たり4.5分）の時間が与えられています。

　勿論，一つの問題に5分も10分もかけていては余裕もなくなってしまいますが，勉強された方なら問題を見ただけで正解が分かってしまう問題も結構あると思います。ですから，必ずしも順番に解かなければならないものでもありません。自信のある問題が目に付いたら，それから片付けていきましょう。そして，自信のないものを後に残すようにしてゆくことがコツかと思

います。

　しかし，その場合は順番に解いていかない訳ですから，当然のことながら，解いた問題と残っている問題とが自分ではすぐに分かるようにしておかなければなりませんね。

受験前の心構えと準備

　普通一般の試験と同じことですが，例えば次のように計画的に取り組んで下さい。

① 事前の心構え

　弱点対策を計画的に学習を進めるようにして下さい。

　また，体調管理は大事です。受験の時期に風邪などをひかないように十分ご注意下さい。

② 直前の心構え

　必要なもののチェックリストを作って確認するくらいの準備をして下さい（送付された受験整理票も忘れずに）。

　試験会場の地図などもよく見ておき，当日にあわてないよう会場の位置などを下調べしておいて下さい。

　前の日は，睡眠を十分に取りましょう。試験近くなって，残業やお酒の付き合いなどはできる限り避けましょう。

③ 当日の心構え

　試験会場には，少なくとも開始時間の30分程度前には到着するよう出発しましょう。ご自分の席を早めに確認し，また，用便も済ませておきましょう。

④ 試験に臨んで

　まず氏名や受験番号を書きましょう。

　「全問正解でなくてもよいのだ」と思いましょう。一つ一つ問題を解いていきながら，準備してきたものを出しましょう。

第1編
保安管理技術

第1章
ＬＰガスの基礎知識

重要度Ｂ

第 1 節　物質の基礎

■分子と原子

　　分子…物質において，その固有の性質を示す最小単位（基本粒子）。

　　原子…分子を構成する単位となる粒子。

■元素と元素記号，および原子量

　　元素………原子を物質の構成要素として見る時の呼び方。

　　元素記号…元素を表す記号。

　　原子量……標準的な炭素を 12 とした時の重さ。

■主な元素の元素記号と原子量

元素	元素記号	原子量
水素	H	1
炭素	C	12
窒素	N	14
酸素	O	16

■単体と化合物

　　単体……一種類の元素のみからなる物質。例えば，酸素，水素。

　　化合物…二種類以上の元素からなる物質。例えば，二酸化炭素。

■分子式，分子量，および，物質量

　　分子式…単体や化合物の分子において，構成する原子の種類と数を示す式。

　　分子量…一つの分子を構成する全ての原子の原子量の和。

　　物質量…分子量や原子量の数値にグラムを付けた量を 1 モルという。

■アボガドロの法則

　　アボガドロの法則とは，

　　全ての気体は，標準状態（0 ℃，1 気圧）で 22.4 L の体積を占める。

　　1 気圧は，0.1013 MPa（メガパスカル）＝ 1013 hPa（ヘクトパスカル）。

■国際単位系（SI）の基本単位

物理量	基本単位	単位記号
質量	キログラム	kg
長さ	メートル	m
時間	秒	s
電流	アンペア	A
熱力学温度	ケルビン	K
物質量	モル	mol
光度	カンデラ	cd

■接頭辞（接頭語）…単位記号に付けて大きさの程度を表す

G（ギガ）	10^9	d（デシ）	10^{-1}
M（メガ）	10^6	c（センチ）	10^{-2}
k（キロ）	10^3	m（ミリ）	10^{-3}
h（ヘクト）	10^2	μ（マイクロ）	10^{-6}
da（デカ）	10	n（ナノ）	10^{-9}

■力と圧力

量	単位	定義	関係式
力	N（ニュートン）	1 kg の物質に 1 m/s^2 の加速度を与える力	1 N＝1 kg·m/s^2
圧力	Pa（パスカル）	単位面積（1 m^2）に作用する力（N）	1 Pa＝1 N/s^2

N や Pa は，SI 単位系の中の組立単位とされる。基本単位の掛け算割り算でできている。

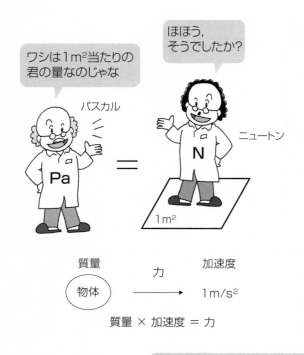

■**大気圧（大気が地球表面に及ぼす圧力）**

$$1 \text{ atm} = 760 \text{ mmHg} = 101325 \text{ Pa} \fallingdotseq 1013 \text{ hPa} = 101.3 \text{ kPa}$$

mmHg は，その高さの水銀柱によって与えられる圧力

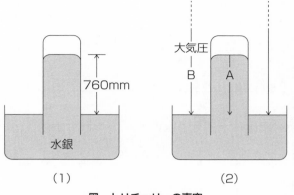

図　トリチェリーの真空

■絶対圧力とゲージ圧力

絶対圧力	絶対真空をゼロとする圧力。単位に abs などを付す
ゲージ圧力	大気圧をゼロとする圧力。単位に g，guage などを付す

絶対圧力＝ゲージ圧力＋大気圧

圧力について，理論的な分野では，
とくに断らなくても絶対圧力のことですし，
実務的な分野では，とくに断らなくても
ゲージ圧力のことをいうようですね

■絶対温度と摂氏温度（セルシウス温度）絶対温度＝摂氏温度＋273

絶対温度	絶対零度をゼロとする温度。単位は K（ケルビン）
摂氏温度	水の氷点を 0 度，沸点を 100 度とする温度。単位は℃

摂氏温度は SI 単位系には属さないが，使用が認められている。

絶対温度＝摂氏温度＋273

	目盛りは同じで,目盛りに付く数値が違う				目盛りは同じで,目盛りに付く数値が違う		
100℃	水の沸点	373K		1気圧(0.1MPa)		2気圧(0.2MPa)	
t[℃]		$t+273$[K]		p[℃]		$p+0.1$[MPa]	
0℃	氷点	273K		0気圧(0MPa)	大気圧	1気圧(0.1MPa)	
−273℃	(絶対零度)	0K		−1気圧(−0.1MPa)	(絶対真空)	0気圧(0MPa)	
	摂氏温度　　絶対温度				ゲージ圧力　　絶対圧力		

■熱量と仕事（１Ｎの力で１ｍだけ移動させる仕事が１Ｊ）

熱量も仕事も，いずれもジュール（J）で表される。

$$1\,J = 1\,N \cdot m = 1\,kg \cdot m/s^2$$

■仕事率（動力）

単位時間当たりの仕事。単位はワット（W）。

$$1\,W = 1\,J/s,\quad 1\,kW \cdot h = 3600\,kJ$$

この絵を覚えておくと次の３つの式がすぐ思い出せるね

$$J = Ws$$
$$W = J/s$$
$$S = \frac{J}{W}$$

図　J＝Ws

■比熱

1 kg の物質を 1℃ だけ温度上昇させる熱量。

単位は，kJ/(kg・℃)，kJ/(kg・K)。

$$Q = mc\,\varDelta T \qquad \varDelta T = \frac{1}{mc}\,Q$$

m：質量　$\varDelta T$：温度上昇幅　c：比熱　Q：与えた熱量

> Qが一定なら
> cが小さい時
> $\varDelta T$は大きくなるんですね

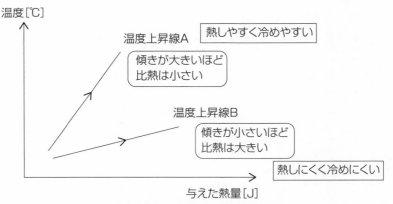

図　比熱の大小による温度上昇の違い

■ボイルの法則（気体の体積と圧力の関係）

一定温度において，一定質量の気体の体積は，絶対圧力に反比例する。

■シャルルの法則（体積と温度の関係）

一定圧力において，一定質量の気体の体積は，絶対温度に比例する。

■ボイル－シャルルの法則（体積・圧力・温度の関係）

一定質量の気体の体積は，絶対圧力に反比例し，絶対温度に比例する。
絶対圧力を p，絶対温度を T，体積を V，比例定数を R とすれば，

$pV = RT$

この法則が厳密に成立する気体を，理想気体という。

ボイル・シャルルの法則は
とってもよく使われます
自由に使えるように
よく練習しておきましょう

第2節　LPガスの性質

■LPガス（LPG，Liquefied Petroleum Gas，液化石油ガス）

　パラフィン系炭化水素（アルカン），オレフィン系炭化水素（アルケン），および，これらの混合物。炭化水素とは，炭素と水素だけからなる化合物。

　プロパンガスも，ほぼ同じ意味で用いられる。

■パラフィン系およびオレフィン系炭化水素

パラフィン系炭化水素 （直鎖状飽和炭化水素） C_nH_{2n+2} の形のもの	メタン CH_4，エタン C_2H_6，プロパン C_3H_8 など 飽和結合のみで構成される 子音を除いた語尾が「アン」，まとめてアルカン
オレフィン系炭化水素 （直鎖状不飽和炭化水素） C_nH_{2n} の形のもの	エチレン C_2H_4，プロピレン（プロペン）C_3H_6，ブチレン（ブテン）C_4H_8 など。不飽和結合を含む 子音を除いた語尾が「エン」，まとめてアルケン

(a)　アルカンに属するプロパン　　(b)　アルケンに属するエチレン

図　炭化水素の構造式

■炭化水素の一般的性質

アルカン	飽和結合のみなので，化学的に安定，常温ではアルカリや硫酸，硝酸にも作用しない（溶解も反応もしない）
アルケン	不飽和（二重）結合があるので，反応性が高い。硫酸などに溶解する。石油化学原料として用いられる

■異性体

分子式は同じだが，構造が異なるものどうしをいう。

(a) ノルマルブタン   (b) イソブタン

図　ブタン（C_4H_{10}）の異性体の構造式

ぼくらには異性体はないんだよね

飽和炭化水素では
炭素数が4以上でないと
異性体はないんですよ

メタン
（炭素数1）

エタン
（炭素数2）

プロパン
（炭素数3）

ブタン
（炭素数4）

■「液化石油ガス（LP ガス）」の法律による定義

高圧ガス保安法	（混合ガスであるか単体であるかを問わず）炭素数３の炭化水素または炭素数４の炭化水素を主成分とするもの
液化石油ガス法	プロパン，ブタン，および，プロピレンを主成分とするガスを液化したもの

　炭素数３の炭化水素成分を C_3 成分（C_3 ガス），炭素数４の炭化水素成分を C_4 成分（C_4 ガス）という。

■高圧ガス保安法における「高圧ガス」の法律による定義

圧縮ガスの場合（圧縮アセチレンガスを除く）	常用の温度において 1 MPa 以上となる圧縮ガスであって現に（現在という意味）1 MPa 以上であるもの，または，35℃ において 1 MPa 以上である圧縮ガス
圧縮アセチレンガスの場合	常用の温度において 0.2 MPa 以上となる圧縮アセチレンガスであって現に 0.2 MPa 以上であるものまたは 15 ℃において 0.2 MPa 以上となる圧縮アセチレンガス
液化ガスの場合	0.2 MPa となる場合の温度が 35℃ 以下である液化ガス
その他	上記のものを除き，35℃ において 0 Pa を超える液化ガスのうち，液化シアン化水素，液化ブロムメチルまたはその他の液化ガスであって政令で定めるもの

■一般消費者等に供給する LP ガスの規格

名　称	プロパンおよびプロピレンの合計量の含有率	エタンおよびエチレンの合計量の含有率	ブタジエンの含有率
い号液化石油ガス	80% 以上	5% 以下	0.5% 以下
ろ号液化石油ガス	60% 以上 80% 未満	5% 以下	0.5% 以下
は号液化石油ガス	60% 未満	5% 以下	0.5% 以下

(注) ここで**「一般消費者等」**とは，液化石油ガス法で次のように定義されています。
(液化石油ガス法) この法律において「一般消費者等」とは，液化石油ガスを燃料（自動車用のものを除く）として生活の用に供する一般消費者及び液化石油ガスの消費の態様が，一般消費者が燃料として生活の用に供する場合に類似している者であって政令で定めるものをいう
(同施行令) 法の液化石油ガスの消費の態様が一般消費者が燃料として生活の用に供する場合に類似している者であって政令で定めるものは，次に掲げる者（高圧ガス保安法にいう特定高圧ガス消費者である者を除く）とする。
一　液化石油ガスを暖房もしくは冷房又は飲食物の調理（船舶その他省令で定める施設内の特定高圧ガス消費者である者を除く）のための燃料として業務の用に供する者
二　液化石油ガスを蒸気の発生又は水温の上昇のための燃料としてサービス業の用に供する者（前号に掲げる者を除く）

■ガス密度（気体密度）

　密度とは，単位体積当たりの重さのこと。ガス密度はガスの密度のことで，一般にその単位は，kg/m^3 または g/L が用いられる。

■ガス（気体）の比体積と比重

比体積（比容積）	単位質量当たりの体積。単位としては m^3/kg など
比重（相対密度）	同体積の標準状態の気体質量と標準状態の空気質量の比

■液の比重

　液の質量と，同体積の 4℃ の水の質量との比

■混合ガスの組成表現

モル%	$\dfrac{ある成分のモル数}{気体全体のモル数} \times 100$ ［mol%］
体積%	$\dfrac{ある成分の体積}{気体全体の体積} \times 100$ ［vol%］
質量%	$\dfrac{ある成分の質量}{気体全体の質量} \times 100$ ［wt%］

■潜熱と顕熱

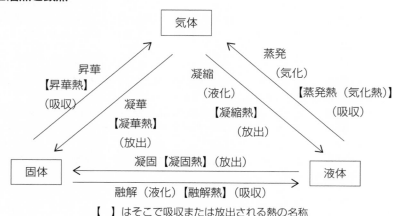

【　】はそこで吸収または放出される熱の名称

図　三態間の変化と出入りする熱の名称

昇華と凝華は最近になって区別されるようになりました
これらの熱は，直接には温度変化と関係しないので潜熱
と呼ばれるんだね

これに対して温度変化と関係する熱は顕熱というんだね

■表　代表的な LP ガスと水の蒸発熱

物質名	沸点（℃）	蒸発熱（kJ/kg）
プロパン	−42	426
ブタン	−0.5	385
水	100	2,257

■熱膨張

　物質は一般に温度上昇によって体積が大きくなり，温度低下によって体積
が小さくなる。水だけは例外で，4℃ のときの体積が最も小さい。(0~4℃ ま
での水は，一般の物質とは逆に，温度上昇によって体積が小さくなる)。

■液体プロパンの熱膨張

温度／℃	−15	0	15	30	45	60
相対比較	92.7	96.2	100.0（基準）	105.0	111.1	119.3

■蒸気圧

蒸気圧	蒸気の示す圧力。通常は固体あるいは液体と共存する気体圧力。一般に温度上昇とともに増加
飽和蒸気圧	密閉状態での気体と液体を放置するとき，平衡状態（飽和状態）になる。この時の温度を飽和温度，圧力を飽和蒸気圧という

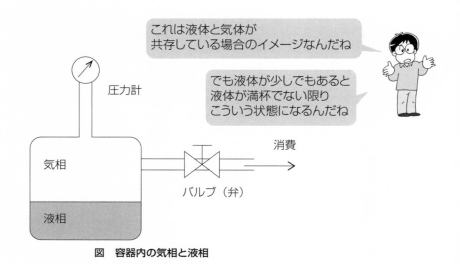

これは液体と気体が
共存している場合のイメージなんだね

でも液体が少しでもあると
液体が満杯でない限り
こういう状態になるんだね

圧力計

気相

液相

消費

バルブ（弁）

図　容器内の気相と液相

■プロパンとブタンの蒸気圧（ゲージ圧力）

温度[℃]		0	10	20	30	40
蒸気圧 [MPa]	プロパン	0.37	0.53	0.73	0.97	1.25
	ブタン	0.002	0.05	0.11	0.18	0.28

プロパンとブタンでは，分子量の大きいブタンの方が蒸発しにくい傾向にある。

■再液化と容器間液移動

再液化	容器の中や配管あるいはホースの中で，ガスが気体から液体に変化すること。何らかの理由で，温度が急激に下がったりすると起き，温度差が2℃以上生ずると起こりやすくなる
容器間液移動	配管やホースで連結されている複数の容器において，容器間に温度差が生じた場合に，温度の高い容器から温度の低い容器にLPガスが流れていく現象

第3節　LPガスの燃焼特性

■燃焼とは

一般にその物質が空気中の酸素と激しく反応して，熱と光を発生する現象。

■燃焼の三要素（三条件）

```
①　可燃性物質（つまり，燃える物質）
②　酸素（酸素供給体）
③　温度（点火源，熱源）
```

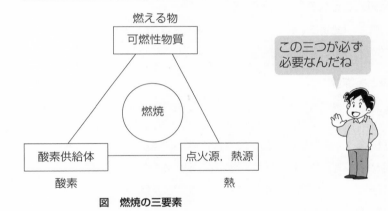

この三つが必ず
必要なんだね

図　燃焼の三要素

■発火と発火点（自然発火温度）

発火	空気中で可燃性物質を加熱した場合，これに火炎あるいは火花などを近づけなくても自ら燃え出すこと
発火点	発火して燃焼を開始する最低の温度

■引火と引火点

引火	他の火源によって火が着くこと，つまり，火を近づけたときに着火すること
引火点	液体の引火点は，その液体が空気中で点火した時，燃え出すのに十分な濃度の蒸気を液面上に発生する最低の温度

■発熱量（燃焼熱）とその種類

発熱量	一定量の燃料を完全燃焼（最終的な酸化物に至るまでの燃焼）させた時に発生する全熱量。単位は，質量基準で［kJ/kg］や［MJ/kg］，体積基準で［kJ/Nm³］や［MJ/Nm³］[注]
総発熱量（高発熱量）	発熱量の総量
真発熱量（低発熱量）	発熱量の総量から発生する水分の潜熱（凝縮熱）を引いたもの

注）Nm³ の N は標準状態（0℃，1 気圧）の意。

■化学反応式と燃焼方程式（例で表示）

化学反応式（燃焼反応式）	$C + O_2 \rightarrow CO_2$
燃焼方程式（熱化学方程式）	$C + O_2 = CO_2 + 394\,kJ$

■理論量と実際量

理論酸素量	燃料ガスを燃焼させるために必要な酸素量（燃焼効率を100%とした場合）［単位は mol/mol，Nm³/Nm³ など］
実際酸素量	燃焼効率を考慮して，装置に送る酸素量
理論空気量	理論酸素量を与える空気量。理論酸素量÷0.21 [注]
実際空気量	実際酸素量を与える空気量。実際酸素量÷0.21
過剰酸素量	実際酸素量－理論酸素量
過剰空気量	実際空気量－理論空気量

注）空気中の酸素濃度を21%とした場合（通常，21%で計算する）。

■爆発範囲（燃焼範囲）と爆発限界（燃焼限界）

爆発範囲	点火源のある場合に，可燃性気体が燃焼する濃度範囲
爆発上限界	爆発範囲濃度の上限（UEL，Upper Explosion Limit）
爆発下限界	爆発範囲濃度の下限（LEL，Lower Explosion Limit）

濃すぎても
薄すぎても
燃えないのか

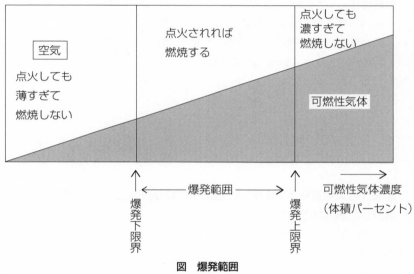

図　爆発範囲

実戦問題

問題 1. 次のイ，ロ，ハ，ニの記述のうち正しいものはどれか。

イ．質量 3 kg の物体に力が作用して，その物体が 10 m/s² の加速度が生じた時作用した力の大きさは，30 N（ニュートン）である。

ロ．液体の物質の比重の単位は，kg/L である。

ハ．絶対零度を摂氏温度で表すと，およそ 273℃ となる。

ニ．1 kPa の圧力は，1 kN/m² である。

 (1)　イ，ハ

 (2)　イ，ニ

 (3)　ロ，ハ

 (4)　ロ，ニ

 (5)　ロ，ハ，ニ

問題 2. ガス消費量が 22 kW の給湯器を前負荷運転で 30 分間使用すると消費した熱量はどれだけになるか。

 (1)　39.6 MJ

 (2)　79.2 MJ

 (3)　108.8 MJ

 (4)　148.4 MJ

 (5)　188.0 MJ

問題 3. 標準状態（0℃，101.3 kPa）において，70 m³ のブタンの質量はおよそどれだけか。

 (1)　32.3 kg

 (2)　61.3 kg

 (3)　90.6 kg

 (4)　181.3 kg

 (5)　362.6 kg

解答・解説

問1. 正解 ②

解説

イ．（正）力の1ニュートンは，SIの基本単位で表すと，kg·m/s² となり，質量1kgの物体に作用して1m/s² の加速度を生じる力です。質量と加速度を掛け算して求められますので，3 kg×10 m/s²=30 kg·m/s²＝30 N

ロ．（誤）液体の比重は，同体積の4℃の水の質量との比ですので，単位を持ちません。Kg/Lという単位は密度の単位です。

ハ．（誤）絶対温度の方が摂氏温度より数字は大きくなります。絶対零度（0 K）は，およそ−273℃となります。

ニ．（正）パスカルは平方メートル当たりの力（ニュートン）になります。つまり，1 Pa＝1 N/m² ですから，1 kPa は 1 kN/m² です。

問2. 正解 ①

解説

ワットは毎秒のジュールという単位になります。つまり，1 W は，1 J/s です。

22 kW は 22 kJ/s となりますので，30分を30 m と書けば，

22 kJ/s×30 m×60 s/m＝39600 kJ＝39.6 MJ

問3. 正解 ④

解説

ブタン C_4H_{10} の分子量は，12×4＋1×10＝58 となります。気体の場合は1 mol が分子量の数字にgを付けたものになりますので，58 g となります。また，1 mol は標準状態（0℃，101.3 kPa）で22.4 L ですので，70 m³（＝70000 L）のブタンの質量を x[g]としますと，

22.4 L：70000 L＝58 g：x

これより，

x＝70000 L×58 g÷22.4 L＝181250 g≒181.3 kg

第2章
LPガス容器と容器バルブ

重要度B

この章では，ＬＰガスに用いる容器を「ＬＰガス容器」と
そして，その容器に使われるバルブ（弁）を
「容器バルブ」ということにしますね

また，この章で「法令」というときには，
「高圧ガス保安法」をいうことにしますね
この法律のもとにある「容器保安規則」も
含まれますよ
この規則は「容器則」と略称されますね

第1節　LPガス容器

■LPガス容器の概要

　LPガス容器は，通常充てんされるLPガスの質量によって分類される。

■代表的なLPガス容器

区分＼種別	2kg型容器	5kg型容器	10kg型容器	20kg型容器（軽量容器）[2]	50kg型容器（軽量容器）
基準内容積 [L]	4.7	12	24	47	118
充てん質量 [kg]	2	5	10	20	50
基準外径 $A+2t$[mm] [1]	210〜220	250〜255	300〜310	310〜320	365〜370
容器肉厚 t [mm]	2.0〜2.3	2.3	約3.0	約2.6	約2.6
容器質量 [kg]	3.3〜4.4	5.9〜7.3	約13	約18	約36
基準高さ B [mm]	200〜220	339〜342	425〜455	705〜760	1,230〜1,280
容器全長 C [mm]	約30	約45	約520	約990	約1,410〜1,440

1）なお，A，B，C，tは図1および図2の寸法を示す。
2）軽量容器は，高強度鋼板を使用した軽い容器であることを示す。

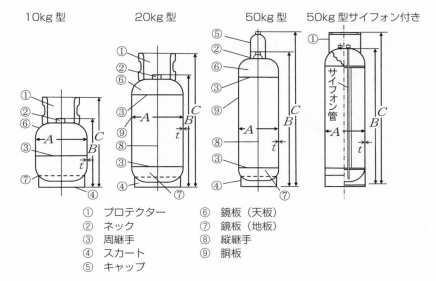

①	プロテクター	⑥	鏡板（天板）
②	ネック	⑦	鏡板（地板）
③	周継手	⑧	縦継手
④	スカート	⑨	胴板
⑤	キャップ		

図1　各種のLPガス容器

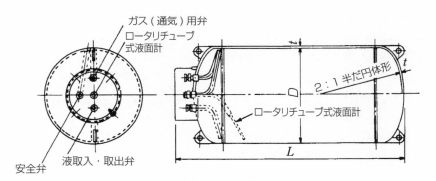

図2　500kg型容器の構造

■耐圧性能および気密性能の試験圧力

耐圧性能	3.0 MPa 以上の圧力
気密性能	1.8 MPa 以上の圧力

■LP ガス容器の内容積

LP ガス容器について，次式で計算して得た値であること
（充てん最大質量）　　　　（容器製造における内容積）

$$G = \frac{V}{C} \qquad\qquad V = C \times G$$

V：LP ガス容器の内容積〔L〕

C：液化ガスの種類ごとの定数で，温度 48℃ になっても，容器内が液体で満たされることなく，常に若干の気相部が存在するように法令で定められている（例：液化プロパン 2.35，液化ブタン 2.05 など）。

G：充てんしようとする LP ガスの質量〔kg〕

■LP ガス容器の刻印

① 検査実施者の名称の符号
② 容器製造業者の名称またはその符号
③ 充てんすべき高圧ガスの種類
④ 容器の記号（アルファベット 3 文字以内，数字 5 桁以内）
⑤ 内容積（記号 V，単位 L）
⑥ 附属品（取り外しのできるものに限ります）を含まない質量（記号 W，単位 kg）

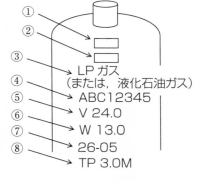

図　LP ガス容器の刻印（例）

⑦ 容器検査に合格した年月
⑧ 耐圧試験における圧力（記号 TP，単位 MPa），および，M
⑨ 内容積が 500 L を超える容器にあっては，胴部の肉厚（記号 t，単位 mm）
⑩ 高強度鋼またはアルミニウム合金で製造された容器にあっては，材料の区分（記号　高強度鋼　HT，アルミニウム合金　AL）

なお，登録容器製造業者という立場の容器製造業者が自主検査をした場合には，①の代わりに（その業者が持つ）型式承認番号を，②の代わりに登録容器製造業者の名称またはその符号を，⑦の代わりに製造年月を刻印

容器検査は
高圧ガス保安法第44条第1項に
基づいて行われるものなんですね

■容器の塗色

法令上は LP ガス容器に塗るべき色の指定はない。

ただし，防錆塗装をする場合には，他のガスに用いることが定められている色（黒，赤，緑，白，黄，褐色）を避けることが望ましい。なお，あえてこれらの指定色（黒，赤，緑，白，黄，褐色）を塗る必要がある場合には，（他のガスの指定色塗色が容器表面積の 1/2 以上とされているので）容器表面積の 1/2 未満とすることとされている。

着色加工されていないアルミニウム製，アルミニウム合金製，あるいは，ステンレス製の LP ガス容器は，塗色せずに金属の地肌のままでよいという規定あり。

■ガスの名称や性質等の表示

ガス名称	「LP ガス」あるいは「液化石油ガス」の文字を赤色で，可燃性ガスを示す「燃」の文字をやはり赤色で明示（水素ガスとアセチレンガスだけは白色文字）
充てん期限（年月）	胴部にやはり赤色で表示 充てん期限の年月は，容器再検査を受けずに次回に充てんできる最終日を含む年月のことで，これを過ぎた場合には容器再検査を受けなければ再充てんができない。この期間内に充てんされた容器であれば，その期間が過ぎて 6 か月未満なら配管等に接続しても構わない
最高充てん圧力（FP）	
その他	容器所有者の氏名または名称，住所および電話番号を容器の外面の色に対し鮮明な色（黒および赤を除く）の塗料またはシールで容器表面に表示（管理業務を委託している場合には，受託業者の表示にすることができることになっている）

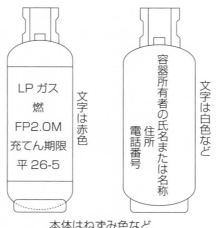

図 LP ガス容器の表示（例）

（図中）
LP ガス
燃
FP2.0M
充てん期限
平 26-5

文字は赤色

容器所有者の氏名または名称
住所
電話番号

文字は白色など

本体はねずみ色など

■LP ガス容器の設置

　LP ガス容器はその下部が腐食しやすいので，消費先に設置する場合には，設置場所や設置方法について腐食防止に関する十分な注意を要する。

■LP ガス容器の取扱い上の注意事項

① 　LP ガス容器は，粗暴な扱いなどで転倒や転落すると，衝撃によって打痕（打ち傷）や割れなどを生じるおそれがある。とくに充てんされた容器では，全質量も大きくなっており，転倒の際の衝撃も大きいため，損傷も大きくなりやすいので要注意。

② 　また，スカート部（容器設置用の裾部）が変形したなどの理由があっても，溶接加工をすることは禁じられている。

■容器再検査の期間（容器則第 24 条）

① 　所定の期間を過ぎた LP ガス容器への LP ガスの充てんは禁止。

② 　継続して LP ガスを充てんするには，容器再検査に合格する必要あり。

③ 　容器再検査は登録を受けた容器検査所で受ける。

④ 　容器再検査は，経済産業大臣，高圧ガス保安協会，指定容器検査機関も実施できるが，現状はほとんどが都道府県知事から登録を受けた容器検査所で行われている。

■LP ガス容器の再検査期間

溶接容器の区分 ＼ 製造後の経過年数	20 年未満	20 年以上	備考
下記以外のもの	5 年	2 年	ほとんどのものが該当
容器則第 24 条第 1 項 第 2 号に規定する容器	6 年	2 年	耐圧試験圧力が 3 MPa 以下で，かつ内容積が 25 L 以下であって，昭和 30 年 7 月以降に容器検査または放射線検査に合格したもの

（参考）平成元年 3 月 31 日以前に容器検査に合格した容器（旧容器則）

溶接容器の区分 ＼ 製造後の経過年数	15 年未満	15 年以上 20 年未満	20 年以上	備考
内容積が 500 L を超えるもの	5 年	2 年	1 年	標準型としては 500 kg 型容器が該当
内容積が 500 L 以下のもの	3 年	2 年	1 年	

溶接容器の区分 ＼ 製造後の経過年数	8 年未満	8 年以上 20 年未満	20 年以上	備考
内容積が 50 L 以上 120 L 未満	4 年	3 年	1 年	標準型としては 50 kg 型容器が該当

溶接容器の区分 ＼ 製造後の経過年数	10 年未満	10 年以上 20 年未満	20 年以上	備考
内容積が 50 L 未満のもの	5 年	3 年	1 年	標準型としては 20 kg 型容器が該当

製造後の経過年数／溶接容器の区分	20年未満	20年以上	備考
内容積が25 L以下のもの	6年	1年	標準型としては10 kg型容器が該当

■容器再検査に合格するLPガス容器の規格

① 容器再検査は容器ごとに行われなければならない。

② LPガス容器の内外面ともに目視で検査を行い，使用上の支障のある腐食，割れ，すじなどがないものであること。

③ （ステンレス鋼，アルミニウム合金その他腐食しにくい材料で製造されたもの以外であって，内容積が120 L未満のものについて）適切な防錆塗装がなされていること。

④ （内容積が15 L以上120 L未満のLPガス容器について）スカート部の著しい腐食，摩耗または変形がないものであり，底面間隔（容器を水平面に直立させた場合における容器本体の底面と水平面との間隔）が容器の底部の腐食防止のために十分であること。

⑤ 容器製造時の容器検査における耐圧試験と同じ耐圧試験（膨張測定試験）に合格すること。この場合，恒久増加率が10 %以下であること。

　＊（注）容器において，底部に対して，上方の部分を肩部という言い方がある。

第2節　容器バルブ

■容器バルブの目的と機能（LPガス容器には少なくとも一つ）

①　LPガス容器に液状のLPガスを充てんする。

②　気体状のLPガスをLPガス容器から取り出して使用する。

③　（LPガスを液状で取り出して使用する場合）専用のバルブ（サイフォン管付き）が付く。

④　500 kg型容器には，容器バルブの他に，安全弁が取り付けられる。

■容器バルブの構造（家庭用50 kg以下のもの）

①　通常の容器バルブは，Oリング式で，バネ式安全弁（スプリング式安全弁）が組み込まれている。気密保持のためのものとして，Oリングの他に，弁シート（シートパッキン），バックパッキンなどがあり，パッキン（パッキング）は内部の気液の漏れ防止と外部からの異物侵入防止を目的。

②　充てん口のねじは基本的に左ねじ（左回転／時計の針と逆方向回転で奥に進むねじ）。

③　ハンドルの真下にあるグランドナットを弁本体に取り付けるねじは，メーカーによって右ねじの場合と左ねじの場合とがある。左ねじの場合には，グランドナットの六角稜部にV溝（V溝状の切り込み）が入れてある（稜とは，多面体の隣り合った面間の直線のこと）ハンドルビスのビスは「ねじくぎ」のこと。

④　充てん口付近に，φ16 ± 0.3とあり，φはマルと読んで直径を意味する。± 0.3はその精度。

⑤　W 22について，Wはウィットねじと呼ばれるねじを表し，雄ねじ径が22 mmでねじ山がインチ単位（山14は1インチ当たりねじ山が14個ということ）でできている。（これに対し，M 10という表示はメートル単位でねじ山がつけられているメートルねじで雄ねじ径が10 mmということ）グランドナットは雌ねじになっている。

⑥　テーパ2/35の表示について，テーパとは構造物の径や幅や厚みが先細りになっているという意味で，2/35は中心軸方向に35ミリ進むとその軸に直角に直径が2ミリだけ小さくなることを表す。

⑦　カシメとは，部品の塑性変形（加えた力を取り去っても元に戻らない変

形，非弾性変形）を利用して密着接合をすること。

⑧ スピンドルとは回転するための軸（弁棒）のことで，バルブステムとは，バルブの軸部分（ステムは幹）のこと。

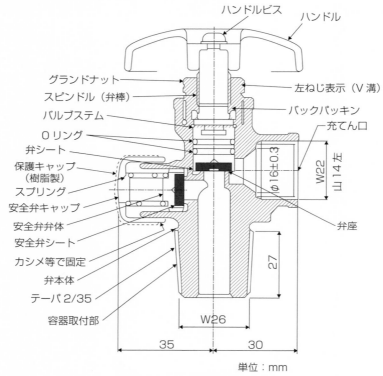

図　LPガス用容器バルブ（例）

■附属品検査
容器バルブは，LPガス容器の附属品としての位置づけ。

■容器バルブの使用条件（これ以外を使用してはならない）

① 事業所の所在地を管轄する産業保安監督部長または都道府県知事あるいは高圧ガス保安協会が行う附属品検査を受けて合格したもの。

② 登録附属品製造業者が製造したもの。

■附属品検査の主な基準

耐圧試験	LP ガス容器の耐圧試験圧力が基本的に通常 3.0 MPa なので，容器バルブも，3.0 MPa 以上の圧力試験を行い，漏れや変形がなければ合格
気密試験	LP ガス容器の気密試験圧力が基本的に通常 1.8 MPa なので，容器バルブも，1.8 MPa 以上の圧力試験を行い，漏れなどがなければ合格
安全弁の性能試験	容器バルブ内の圧力が異常に上昇した際に，圧力を逃がすために付けられる弁が安全弁。 作動試験としては，LP ガス容器の耐圧試験圧力の 8/10 以下の圧力で作動し始め（吹き始め，つまり圧力を逃がし始め），かつ，吹き止まりが確実に行われることが合格の条件

■容器バルブの刻印（附属品検査に合格した容器バルブの場合）

検査実施者が次の項目について刻印する。

① 附属品検査に合格した年月日
② 検査実施者の名称の符号
③ 附属品製造業者の名称またはその符号
④ 附属品の記号および番号
⑤ 質量（記号 W，単位 kg）
⑥ 耐圧試験における圧力（記号 TP，単位 MPa）および M
⑦ 当該附属品が装着されるべき容器の種類（LP ガスの場合の記号 LPG）

■容器バルブの刻印（登録附属品製造業者が製造した容器バルブの場合）

前記の②および④〜⑦までは，同様。

① 製造年月日
③ 登録附属品製造業者の名称またはその符号

■容器バルブの取扱い注意事項

① 閉止された容器バルブは内部の LP ガスを弁シートで止めてある。このシート部分（弁シートと弁座のすき間）が漏れることを**シート漏れ**という。容器バルブを閉じる際には，一般の男性が片手の全指でバルブのハンドルを握って閉める程度で行うことが適切。それより軽い閉め方の場合に

は，容器運搬中などにおいて容器バルブが開くおそれがある。また，レンチなどの工具を使って締め付けると弁シートを損傷するおそれがあるので，これもやめなければならない。シート漏れの点検は，石けん水などを用いて適切に行うことが必要。

② グランドナットが緩んでいるとハンドルを回す際にグランドナットがスピンドル（弁棒）と共回りして弁本体から抜け落ちることがあるので，グランドナットの緩みには要注意。

③ バックパッキンやOリングの損傷によって，グランドナットと弁本体や弁棒とのすき間から内部のLPガスが漏れだすことがある。これを**バック漏れ**という。バック漏れの有無を確認することも重要。

④ 安全弁のキャップは，カシメやピンで固定されている。これが外れないように注意する必要がある。安全弁のキャップには，雨水やごみの侵入防止のために，通常合成樹脂製の保護キャップがかぶせられている。これが外れていれば，予備品をかぶせるなどの保護を徹底する。

⑤ LPガスを通すためにハンドルを開く際には，いったん全開にしてから少し戻しておくことが基本。

■容器バルブの再検査（容器則第27条）

LPガス容器に容器再検査があることと同様に，附属品にも**附属品再検査**がある。容器バルブを継続的に使用する場合には，定期的に附属品再検査を受けなければならない。これを受けずにくず化処分する場合などを除く。

■附属品再検査の時期

LPガス容器に装着されているもの	内容積4,000 L未満のLPガス容器に装着されているもので，容器バルブ製造後の経過年数が6年6月以下のものは，容器に装着された後2年を経過して最初の容器本体の再検査のときに行う。製造後の経過年数が6年6月を超えるものは，1年ごとに行う
LPガス容器に装着されていないもの	2年ごとに行う

■附属品再検査の実施機関

① 経済産業大臣　　　　　② 高圧ガス保安協会
③ 指定容器検査機関　　　④ 登録を受けた容器検査所

問1. LPガス容器に関する次の記述のうち，正しいものはどれか。

イ. LPガス容器の表面に，容器所有者の氏名，住所および電話番号を赤色で表示することは問題ない。

ロ. LPガス容器には，法令上において塗色する色の指定はないが，容器表面積の1/2以上を赤色に塗色することはできない。

ハ. 溶接容器であるLPガス容器の再検査期間は，容器の製造後の経過年数により異なる。また，充てん期間を過ぎたLPガス容器は，充てん期間からの経過月数に関係なく，消費先の供給管などに接続してはならない。

ニ. LPガス容器の容器再検査では，登録を受けた者が目視のみで実施する。

 (1) イ

 (2) ロ

 (3) ハ

 (4) イ，ニ

 (5) ロ，ニ

問2. LPガス容器に関する次のイ，ロ，ハ，ニのうち，正しいものはどれか。

イ. 炭素鋼製のLPガス容器は強度が非常に大きく，転倒や転落などには十分に耐えられるものである。したがって，衝撃などへの配慮は不必要である。

ロ. LPガス容器は，底の部分よりも肩の部分のほうが腐食しやすい。

ハ. LPガス容器の内容積を V [L] で表すとき，V の値は，充てんしようとするLPガスの質量 G [kg] と法定定数 C を用い次式で計算して得られる値以上でなければならない。

  $V = C \times G$

ニ. LPガス容器の刻印に，記号Wで示される数値は，そのLPガス容器に充てんすることができるLPガスの最大質量を意味する。

 (1) イ，ロ，ハ

 (2) イ，ロ，ニ

(3) イ，ハ

(4) イ，ニ

(5) ハ

解答・解説

問 1. 正解 (2) ロ

解説

イ. （誤）LP ガス容器の表面に，容器所有者の氏名，住所および電話番号を表示する際には，黒色および赤色を除く鮮明な色で，塗料またはシールで表示することになっています。

ロ. （正）法令で LP ガス以外のガスに定められている色を LP ガス容器に用いる場合には，容器表面積の 1/2 未満としなければなりません。ちなみに赤色は水素ガスに用いるように定められた色です。

ハ. （誤）溶接容器である LP ガス容器の再検査期間は，容器の製造後の経過年数により異なるということは正しい記述です。しかし，充てん期間を過ぎた LP ガス容器は，充てん期間からの経過月数に関係なく，消費先の供給管などに接続してはならないという記述は誤りです。充てん期間を過ぎた LP ガス容器は，その期限を過ぎても 6 ヶ月未満であるならば消費先の供給管などに接続してもよいことになっています。

ニ. （誤）LP ガス容器の容器再検査においては，登録を受けた者が試験内容によって，目視で行うものや，耐圧試験などで行うものなどがあります。目視のみで実施するというのは誤りです。

問 2. 正解 (5) ハ

解説

イ. （誤）炭素鋼製といっても，扱いが乱暴な場合などにおいては，転倒や転落などによってきずを生じるおそれもあります。運搬用トラックでは荷台にくくりつけることや，設置する場合でもチェーンなどによって転倒を防止する対策をしなければなりません。加えて，腐食対策も必要です。

ロ. （誤）LP ガス容器は，通常直立して用います。そのため，容器の底の部分やスカート部のほうが，床の影響などで湿りやすく，肩の部分よりも腐食しやすい傾向にあります。

ハ. （正）LP ガス容器の内容積は，LP ガスの質量と（LP ガスの種類によって定められた）法定定数をかけた値以上でなければなりません。

ニ. （誤）LP ガス容器の刻印に，記号 W で示される数値は，その LP ガス

容器に充てんすることができる LP ガスの最大質量ではなくて，取り外しのできる附属品を含まない容器本体の質量を意味しています。LP ガス容器では，充てんできる質量を刻印表示する形にはなっておらず，充てん量は，記号 V で刻印される内容積と，胴部に表示される最高充てん圧力とで示されます。

第3章
調整器およびメーター類

重要度A

第 1 節　調整器

■調整器（正式には「圧力調整器」）の目的

① 　LP ガスを使用する側にとって最適な状態（燃焼させるための最適圧力）に減圧する。

② 　その圧力をできるだけ変動させない（供給するガスの圧力を一定に保つ）。

■調整器のPSマーク（製品安全4法に基づく。PSは，Product Safety）

① 　PSC マーク　（消費生活用製品安全法）

② 　PSE マーク　（電気用品安全法）

③ 　PSTG マーク　（ガス事業法）

④ 　PSLPG マーク　（液化石油ガスの保安の確保及び取引の適正化に関する法律）

ぼくがついているものを
使ってくださいな

PSマーク

■調整器の種類と概要

分類		概要
単段式調整器		LP ガス容器からの高圧ガスを，1 個の減圧室により燃焼に適した圧力まで減圧して調整する。小型のものは容器に直接取り付け使用することが多く，大型のものは大規模供給装置の修理などの際に予備器として利用することもある
二段式調整器	二段式二次用調整器	二段式調整器のうち，2 段目に減圧する。（以下に示す自動切替式分離型の二次用も含めて）入口圧力の上限が 0.1 MPa あるいは 0.15 MPa として設計されているので，単段式調整器の代わりに使用することはできない
	二段式一次用調整器（中圧調整器）	二段式調整器のうち，1 段目に減圧する。中圧（1 段目の出口圧力）のまま供給管に LP ガスを送り出し，この出口側である下流に二段式二次用調整器を設置する場合に用いられる。バルク供給用として出口側にガス放出防止器（EFV）を組み込んだものもある
	二段式一体型調整器	二段式調整器のうち，1 段目と 2 段目が一体物として組み込まれている。ここでもバルク供給用として中圧部（1 段目の出口部）にガス放出防止器（EFV）を組み込んだものがある
自動切替式調整器 （LP ガス残量が減り供給圧力維持困難な場合，予備の容器から自動的に供給	自動切替式分離型調整器	自動切替機能と一次減圧機能を兼ねた一次用調整器であり，中圧 LP ガスを使用側に供給して，各端末において二次用調整器を用いる場合に用いられる（中圧供給方式）
	自動切替式一体型調整器	一次用と二次用とが一体になっているもので，分離型調整器と同様の自動切替機能を持つ

（注 1）いずれの調整器も，記号 P（入口圧力範囲，MPa），Q（容量，調整できる量，kg/h），R（調整圧力，kPa または MPa）に加えて，製造事業者名，製造年月，製造番号（または，ロット番号）が表示されなければならない。

（注 2）燃焼器で使用するレベルの低圧にするものということで，単段式調整器や二段式二次用調整器を低圧調整器ということがある。

第 3 章　調整器およびメーター類

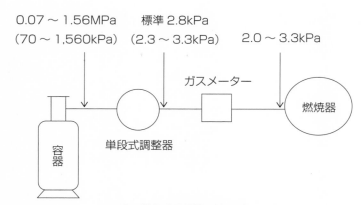

図　単段式調整器の使用例

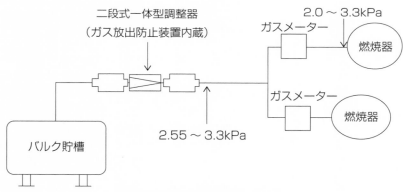

図　二段式一体型調整器の使用例

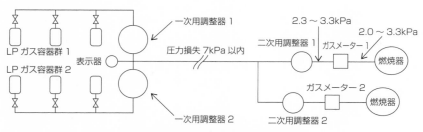

図　自動切替式分離型調整器の使用例

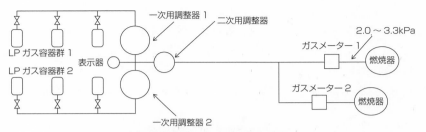

図　自動切替式一体型調整器の使用例

■バルク供給（中身の LP ガスだけを供給すること）

　LP ガス容器は相当に重いものなので，運搬作業の改善のために，容器を配送するのではなく，一般家庭や店舗などに LP ガスの入れ物の「バルク貯槽」を設置，その場所まで配送用ローリ車である「バルクローリ」で移動し，その場所で LP ガスを充てんするシステムのこと。なお，移動できるバルク供給設備（容器形態である貯槽）を「バルク容器」という。

■バルク供給の条件

①　バルク貯槽とバルクローリに確実に安全装置を付けること。

②　法律の基準に合格する施工方法でバルク貯槽を設置すること。

■調整器の構造と作用

①　単段式調整器

　入口側を容器に出口側を燃焼器に接続。そのように接続されたものについ

て，まず容器バルブを開くと，容器内の高圧ガスがノズル（ガス入口）を通って減圧室に入る。このとき調整器の出口側が閉まっていると減圧室の圧力が上がってダイヤフラムを押し下げている調整ばねの力に打ち勝って，ダイヤフラムを上の方に押し上げる。これに連結されたレバーが梃子の原理で弁体が左方向（上流側）に移動して入口ノズルを閉止してガスの流入は止まる。

　次に，出口側を開いてLPガスを消費し始めると，減圧室の圧力が下がり，ダイヤフラムの位置が下がる。これによって弁が開いて入口側からガスが流入してくる。そして調整ばねがダイヤフラムを押し下げる力と出口圧力によるダイヤフラムを押し上げる力とがつりあった位置に応じて弁の開度が定まり，安定した出口圧力が保持される。この圧力が**調整圧力**で，ガスの定常的な使用状態となる。

　この状態から，出口側を閉止，つまりガスの使用を停止すると，ダイヤフラムが上昇し，弁が閉止になって，高圧ガスの流入が止まる。これで減圧室の圧力は上昇しない状態となる。この時の減圧室の圧力を**閉そく圧力**といっている。

　調整器が閉そく不良などを起こして低圧側が異常な状態になると，ガス漏れやガスメーターの破損などを起こすおそれがあるので，調整器の低圧側には規定以上の圧力になった場合にガスの一部を大気に逃がして圧力を一定以下に保つような**安全弁**が設けられている。その吹き始め圧力は，5.6 kPa以上8.4 kPa以下（標準7 kPa）でなければならない。

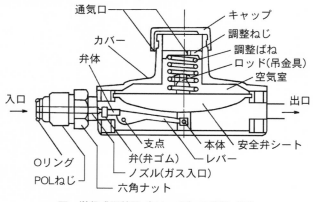

図　単段式調整器（5 kg用）の構造（例）

② **二段式一次用調整器**（旧名：二段減圧式一次用調整器）

　図では，ガスが左から右側に向かって流れる。単段式調整器との主な違い
は，弁体がダイヤフラムと連結されていないということで，弁体にはばねが
閉まる方向に作用している。

　ガスの消費量が増大して減圧室の圧力が低下すると，ダイヤフラムが下が
って弁体を押し開きガスの流入量を増やす。逆に，ガスの消費が減ると減圧
室圧力が上昇してダイヤフラムが上がり，弁体はばねによって閉められガス
の流入量が減る。出口圧力（調整圧力）は 0.07 MPa が標準（下限 0.057
MPa，上限 0.083 MPa）。

　二段式一次用調整器には，単段式にあった安全弁がセットされておらず，
調整圧力が高いためにダイヤフラムなどの受圧部分を厚いものにして強度を
上げている。ただし，低圧側（二次用）調整器の安全装置の吹始め圧力は，
5.6 kPa 以上 8.4 kPa 以下（標準 7 kPa）でなければならない。

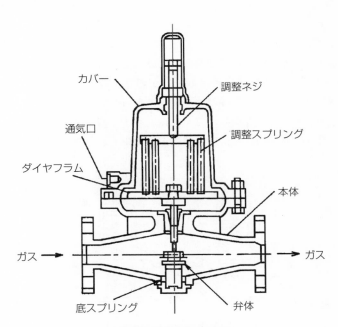

図　二段式一次用調整器の構造（例）

③　自動切替式調整器

　二段式一次用調整器を２台使用して，ガスの出口が共用になるように接続したもの。

　図の左側が使用中のLPガス容器に接続された側とすると，右側は予備のLPガス容器接続のものとなる。ガスを使い始めると左側のLPガスボンベ内圧が高いため，右側の調整器ダイヤフラムを小さな矢印の方向↑に押し上げて，その下のステムを通じ弁座ノズル部には隙間が無く（右側は）ガスが流れない状態で，これが長時間使用して左側LPガス容器残量が少なくなってくると容器内圧力が下がり予備側の閉そく圧力以下になると徐々に右側LPガス容器からもガスが流れ始める。更に使い続けると左側LPガス容器の圧力が低くなり今まで使用していた使用側の調整器が小スプリングの圧力に負けて弁座ノズルが閉じて流れなくなる。すると徐々に流れ始めていた圧力の高い予備側の右側LPガス容器からガスが流れ全消費量を供給するようになり，その時点で供給が左側から右側に切り替わったことをシグナル（圧力計の指示）によって知ることができる。

　ボンベが少なくなってきたときの圧力低下によってばねの作用を利用し，左右どちらかの使用側から予備側へと自動で切り替えるものが自動切替式調整器。（もちろん，自動的に何度も左右が切り替わるわけではない。消費した側の容器は再充てんして接続しなければならない。）

　この方式によって，容器のガスをゼロ近くまで安定して使い続けることができ，容器内のガス切れ時に燃焼状態が悪化することを防止する有効な手段となっている。

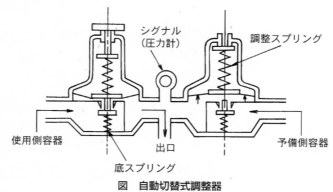

図　自動切替式調整器

自動切替すれば
圧力低下もなく
安定してLPガスを
使えるんですね

■調整器の規格および基準

① 本体および外面部分は耐食材料を用いるか，耐食表面処理を施し，きず
その他の欠陥がないものでなければならない。

② 調整器本体の外部に可燃物を使用してはならない。

③ ダイヤフラムその他の LP ガスに接する部分は，耐 LP ガス性の材料を
用いて耐久性を持たせなければならない。

④ 容量が 1 kg/h 以下の単段式調整器であって，その低圧部出口（ホース
口）にガス用迅速継手を接続するものでは，所定の寸法でなければならな
い。

⑤ 低圧部出口に金属管をねじ接合する場合のねじは JIS　B　0203 管用テー
パねじによらなければならない。

⑥ 本体は衝撃に強い構造で，ガスの入口からノズル弁座までの高圧部は 2.6
MPa 以上の圧力で行う耐圧試験に合格するものでなければならない。

⑦ 低圧側の調整器の**最大閉そく圧力**は，入口圧力の基準範囲内で 3.5 kPa
以下でなければならない。また，入口圧力の範囲は，一般消費者の供給設
備に取り付ける単段式調整器にあっては 0.07~1.56 MPa，自動切替式一体
型調整器にあっては 0.1~1.56 MPa（または 0.15~1.56 MPa）のものが標準。

⑧ 入口圧力の基準範囲内で，圧力およびガス流量を変化させた場合，単段
式調整器の場合は，**調整圧力**は 2.3 kPa 以上 3.3 kPa 以下，自動切替式一
体型調整器および二段式一体型調整器の場合は，2.55 MPa 以上 3.3 kPa 以
下でなければならない。

⑨ 低圧側調整器の安全装置の吹き始め圧力は，5.6 kPa 以上 8.4 kPa 以下
（標準 7 kPa）でなければならない。

⑩ 調整器の容量は，入口圧力を 0.07 MPa（二段式および自動切替式の場
合を除く）に保ったまま，流量を次第に増し，その性能曲線（次項参照）
が 2.3 MPa まで下ったところの流量をその調整器の容量［kg/h］とす
る。すべての調整器には，その容量が個々に表示される。

■調整器の性能曲線

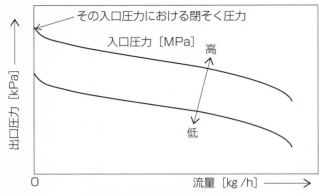

図　調整器の性能曲線のパターン

　性能曲線は，入口圧力を一定にして，ガスの流出量を次第に増したときの調整器の調整圧力の変化を図にしたもので，一般に横軸に流量を，縦軸に出口圧力が取られる。

　入口圧力を変えて，複数の曲線が描かれる。入口圧力が高いほど出口圧力も高くなるので，曲線の上の方が高い入口圧力の場合を示すものとなる。各曲線の左端（流量がゼロの位置）がその入口圧力における閉そく圧力となる。この性能曲線の図において，流量と入口圧力を変えた場合の出口圧力が読み取れる。

■調整器の選定

① 調整器は，自主検査に合格し，PSマークが付されたものを選定する。

② （業務用のものを除いて）一般消費者等が使用する場合の調整器の容量（量的規模）について，次のように考える。

　一般消費者の戸数，燃焼器の合計容量，消費状態などから最大消費数量を推定し，その数字の 1.5 倍以上の容量（単位 kg/h）を標準とする。

　ただし，燃焼器等の容量が kW 単位で表示されている場合には，その数値を 14 で割って kg/h 単位のものと考える。さらに kg/h 単位のものを 2 で割ることで m³/h 単位のものと考える。また，一般消費者の戸数が 1 戸だけの場合には，その戸におけるすべての燃焼器等の合計容量を最大消費数量とし，それを 1.5 倍して扱う。

　なお，調整器の容量とは，（安全をみた扱いとして）入口側圧力がそれ

ぞれの調整器に規定された上限圧力と下限圧力の間において，調整圧力が
その上限圧力を超えるときの流量とその下限圧力を下回るときの流量のう
ち，いずれか少ない方の流量とする。

③ 常に供給圧力を監視する機能を持つ機器（次節で説明するマイコンメー
タSなど）を設置して集中監視するケース（以下，単に集中監視という）
において，次の二つの場合には，（1.5倍をせずに）最大消費数量の1.0倍
の容量とすることができる。

1）二段式調整器を使用する場合。

2）自動切替式調整器を使用する場合。

④ 中規模集団供給方式（11戸～69戸）などの場合で，次に挙げるように
ピーク時におけるガス消費量が増大すると予測されるケースでは，そのガ
ス消費量を勘案した容量の調整器を選定する。

1）会社あるいは工場の寮や社宅において，帰宅時間がほぼ同時刻になり，
各消費者宅で同時にガス燃焼器等を使用することが考えられるケース。

2）将来的に，燃焼器の数の増加や大型機器への変更などでガス消費の増
大が予測されるケース。

3）その他，容器本数，配管口径などの状況から配慮すべきケース。

⑤ 業務用設備の調整器においては，業種によって消費数量の変動が著しい
場合もあるので，それぞれに合わせた容量を選定する。

⑥ 容量が10g/h以下の調整器には，保安確保機器の区分としてI類（S型）
のものとII類のものとがある。認定販売事業者に係るこれらの機器の交換
期限が，それぞれの製造年月からI類で10年，II類で7年となっている。

また，認定販売事業者ではない販売事業者においては，それらの機器の
保険有効期間として，やはりこの年数で定期的に交換することが望ましい。

⑦ 供給圧力の安定性や再液化による異常圧力防止の観点から，二段式ある
いは自動切替式の調整器を選定することが望ましいとされている。

調整器の選定にあたっては
確認すべき事項をよく確認して
適切な選定をしたいものですね

■調整器の設置

① 調整器を取り付ける際には，以下の項目を保安台帳に記録して保存する。

　製造事業者名，製造年月，製造番号（あるいは，ロット番号），取付年月日，型式，容量など。

② 調整器の圧力調整ねじには手を触れずに設置する。

③ 調整器は，屋外の通風のよい場所に設置する。

④ 調整器の付近には，可燃性のものを置かないようにする。

⑤ 調整器は，凍結や雪害（落雪や埋雪など）のおそれのない場所に設置するか，あるいは，収納庫内などに設置する。

⑥ 寒冷地などで雪害の可能性のある供給設備においては，調整器を容器に直接接続しない供給方式とする。

⑦ 通気口には，雨水，雪，ごみなどが入らないように，また虫や鳥などによって通気口がふさがれないように配慮する。積雪が多く，外部凍結などのおそれがある地域では，プラスチックフィルムなどで調整器をカバーして，雨水，雪あるいは湿気のある外気が空気室中に侵入することを防ぐ。

⑧ 調整器の入口に金属管や高圧ホースを接続する際には，調整器の入口が容器用の弁より 5 cm 以上高い位置に設置し，再液化した LP ガスまたはドレン（凝縮水）などが調整器の入口部に滞留しないように容器に向かって下り勾配とする。

⑨ 容器バルブなどに調整器を取り付ける際には，接続部にごみ，切り粉，さびなどの異物がないことを確認し，ねじは正確にかみ合わせ，スパナなどで正しく接続する。締め付けも必要以上にはしないようにする。

⑩ 調整器を取り付けた後，必ず石けん水などで漏洩検査を行う。

■調整器の点検あるいは調査

液化石油ガス法によると，販売事業者は 4 年に 1 回の使用中に調整器の点検または調査において，規定の入口圧力の範囲において生活の用に供するものにあっては，以下のような圧力の確認を行わなければならないことになっている。

① 調整器の使用中，その調整圧力が単段式の場合には，2.3 kPa 以上 3.3 kPa 以下（自動切替式一体型調整器の場合は 2.55 kPa 以上 3.3 kPa 以下）の範囲にあるかどうかの確認。

② 調整器の閉そく圧力が，3.5 kPa 以下であるかどうかの確認

　以上の確認で異常を認めたときは，すみやかに新品と交換するか修理をしなければならない。販売所で修理をする場合には，修理のための十分な設備があり，かつ修理技術があるとき以外は行ってはならないことになっている。液化石油ガス法の「液化石油ガス器具等」に該当する調整器の修理は，調整器の製造事業者に依頼することとなっている。

■調整器の確認に使用するもの

① 圧力計
　機械式自記圧力計，指針式圧力計（微圧計），マノメーター，電気式ダイヤフラム式自記圧力計，または，電気式ダイヤフラム式圧力計。
② 上記圧力計を調整器の出口側に取り付けるための専用継手管またはゴム管および継手金具類。
③ 漏洩検知液または石けん水およびこれらの液を塗布するための用具。
④ 減圧弁（次項の確認の方法②に使用します）　容器から発生するガスの圧力を 0.15~0.07 MPa の範囲内に減圧できるもの。

■確認の方法（手順）

① 容器の交換時に充てん容器と交換前容器を利用して行う方法
　(a) 通常は低い圧力である交換前の容器（ガス残量がほぼ 30% 以下，あるいは，0.07 MPa 以下の圧力）について，調整器とガス栓（調整器にもっとも近いもの）の間に専用継手により圧力測定器具を取付け，石けん水などを用いて漏れのないことを確認する
　(b) 残液量の少ない容器により最大消費量の燃焼器（ふろがま，湯沸器等）を含む 1 個以上の燃焼器に点火し，圧力測定器具により圧力を測定する（調整圧力）
　(c) 充てん容器を接続し，消費量の最小の燃焼器に点火して，圧力測定器具により圧力を測定する（調整圧力）
　(d) 燃焼器を消火し，1 分以上静置して，圧力を測定する（閉そく圧力）
　(e) 上の前記(b)~(d)の測定結果が所定の「調整圧力，閉そく圧力」であることを確認する

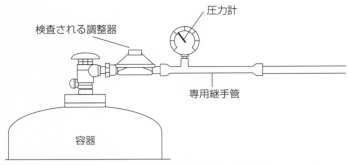

図　調整器の調整圧力および閉そく圧力の確認方法①

■判定基準

対象設備（調整器）		調整圧力	閉そく圧力
生活の用に供するもの	単段式	2.3 kPa 以上 3.3 kPa 以下	3.5 kPa 以下
	自動切替式	2.55 kPa 以上 3.3 kPa 以下	
上記以外のもの（業務用）		燃焼器に適応する圧力であって，燃焼状態が良好であること	

■確認の方法（手順，続き）

② 容器の交換時に充てん容器と減圧弁を利用して行う方法
  (a) ガス残量がほぼ 30% を超えているもの，あるいは，0.07~0.15 MPa 程度の圧力のものについては，調整器とガス栓（調整器に最も近いもの）の間に専用継手により圧力測定器具を取付け，漏れのないことを確認する
  (b) 判定基準は①と同様

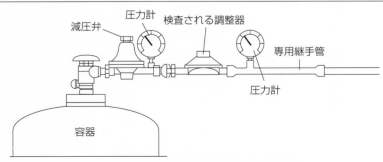

図　調整器の調整圧力および閉そく圧力の確認方法②

③　検定済みの新品または上記①あるいは②の方法によって別途確認された調整器と交換する方法

　　この方法は，確認されたものと交換するだけなので，新たな確認は要らない

④　調整圧力などを燃焼器入口で測定する方法

(a)　①あるいは②の検査方法のような形で圧力計を調整器の出口に取り付けることが難しい場合には，圧力計を燃焼器の入口に近接した配管部分に取り付けて，調査または点検時に設置されている容器を用いて測定する

(b)　燃焼中の燃焼器入口圧力は次の（イ）および（ロ）に適合することを確認する

　　（イ）　生活の用に供するものの場合，指示圧力が 2.3 kPa 以上 3.3 kPa 以下であること

　　（ロ）　ただし，（イ）の場合であっても，容器から発生するガスを減圧弁によって 0.07 MPa に減圧した状態で供給するケースでは，2.0 kPa 以上 3.3 kPa 以下であること

(c)　上記のイまたはロの基準に適合していない場合には，①あるいは②の方法によって調整圧力を再確認しなければならない

(d)　調整器の閉そく圧力は，①の判定基準による

⑤　圧力検知装置を用いて行う方法

　　ここでいう圧力検知装置とは，次節に説明しますマイコンメータ S またはマイコンメータ E を指す。すなわち，その圧力検知装置に内蔵された圧力センサによって測定するもので，調整器の調整圧力および閉そく圧力の確認の代替措置とすることができることとされている

調整器の点検方法は
重要ですので
よく確認しておきましょう

第2節　ガスメーターおよびマイコンメーター

■ガスメーターの法的位置づけ

　LPガスを一般消費者に販売する際には，例外を除いて，ガスメーターによって体積で販売することが義務づけられています（液化石油ガス法第16条に基づく規則第16条）。

　法律用語として，ガスメーターは，「タ」の後にも長音記号を付けます。本書ではこれに併せて，マイコンメーターにも長音記号を付けました。

■ガスメーターの選定

①　ガスの最大使用流量に適合した計量能力を有するもの。
②　計量精度のあるもの。
③　耐圧，耐熱性および耐久性にすぐれ，取り付けや維持管理が容易であるもの。
④　所定の保安機能を有するもの。

■ガスメーターの分類

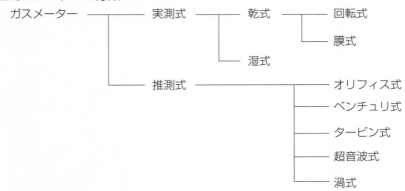

図　ガスメーターの系統的分類

■ガスメーターは特定計量器

　ガスメーターのうち，口径が250mm以下のもの（実測湿式ガスメーターを除く）。

　○特定計量器を定める計量法第二条第4項に係る同法施行令第二条第5号イ(5)

の規定。

■特定計量器とは

　特定計量器とは，計量器一般の中において，特に法律で「取引もしくは証明における計量に使用され，または主として一般消費者の生活の用に供される計量器のうち，適正な計量の実施を確保するためにその**構造**または**器差**に係る基準を定める必要があるもの」とされているもの。

　ここでいう「構造」とは同じ型式（製造器種）の計量器に共通する性質・性能をいい，「器差」とは，個々の計量器ごとの計量誤差のこと。

■特定計量器の検定制度

　特定計量器は，定められた期間において，公的機関あるいはそれに準ずる機関が行う検定などを受けなければならない。

　検定に合格すると**検定証印**が付され，また，とくに認められた製造業者が製造した計量器には**基準適合証印**が付されるが，これは検定証印と同等に扱われる証印。

　法律的には，これらを併せて，**検定証印等**と呼んでいる。つまり，次のような関係で，それらのマークを下に示す。

　検定証印等 = 検定証印 または 基準適合証印

検定証印　　　　　　　基準適合証印

図　検定証印と基準適合証印

■ガスメーターの種類と検定証印等の有効期間

	LP ガス用 （計測可能なガスの総発熱量が 90 MJ/m³ 以上のもの）		都市ガス用 （計測可能なガスの総発熱量が 90 MJ/m³ 未満のもの）	
使用最大流量	6 m³/h 以下のもの	6 m³/h を超えるもの	16 m³/h 以下のもの	16 m³/h を超えるもの
検定証印等の有効期間	10 年	7 年	10 年	7 年

■特定計量器の法的規制

次の①～③に該当するものを，取引または証明における法定計量単位（法で定めた計量の単位）による計量に使用し，または使用に供するために所持してはならないとされている（計量法第16条第1項）。

① 計量器でないもの。

② 検定証印等が付されていない特定計量器。

③ 特定計量器で検定証印等が付されているものであって，検定証印等の有効期限を経過したもの。

これに違反した者は6月以下の懲役もしくは50万円以下の罰金，またはこれらを併科（つまり，懲役と罰金の両方）するものとされている（計量法第172条）。

■取引または証明用ガスメーターの区分

使用最大流量（m³/h）	1	1.6	2.5	4	6	10	16

（注）
・以前は「号数区分」であったが，使用最大流量による区分に改訂
・使用最大流量が16 m³/h を超えるものは，製造事業者が使用最大流量を指定する。

■取引または証明用ガスメーターの流量特性

流量比		特性比
使用最大流量／使用最小流量	Q_{max}/Q_{min}	20
使用最大流量／転移流量 [1]	Q_{max}/Q_t	10

1）転移流量とは，使用最大流量と使用最小流量の間にあって，「大流量域」と「小流量域」を区分する流量をいう。

■ガスメーターの公差（法律的に許容される誤差）

① 検定公差：検定における公差
② 使用公差：使用時における公差

■検定公差と使用公差の関係（使用最大流量 Q_{max} と使用最小流量 Q_{min}）

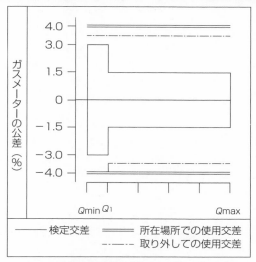

図　取引または証明用のガスメーターの公差

■マイコンメーターとは

　マイコン制御器（小型コンピュータ制御器）が組み込まれた遮断装置付きのガスメーター。

　ガスの使用状況を 24 時間監視し，異常があった場合にはその内容（元栓の閉め忘れやガス管損傷などによる流量異常，地震感知など）に応じて，警報を発報したり，あるいは，ガスの遮断を行ったりして安全を守る。最近では，通信回線を通じて自動検針や異常時の自動通報を行うものも出現している。

■ガスメーターの種類

膜式	マイコンメーターの多くで用いられ，LP ガス用や都市ガス用として広く用いられる。主に 1〜160 m³/h のもの
湿式	ガスの製造所や大口需要家で過去に多く用いられ，ガスの圧力で水シールされた回転ドラムを回して流量を測るが，設置コストが高く場所をとる。精度が高いので，基準器用や実験用としては今でも現役で使用されている
ルーツ式	二つの繭型回転子を持つもの。主に 40〜4,000 m³/h のもの

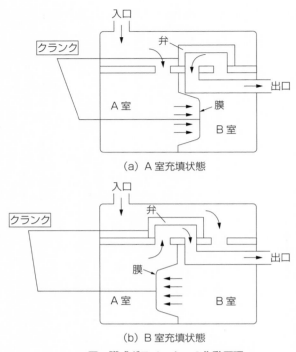

（a）A室充填状態

（b）B室充填状態

図　膜式ガスメーターの作動原理

■膜式マイコンメーターの構造

　内部は，動きうる膜で仕切られた二つの室を基本に，クランク（往復運動と回転運動を互いに変換する機構）および弁（バルブ）で構成されている。

■膜式マイコンメーターの作動原理

　弁によって膜の外・内に交互にガスを充填・排出させることにより往復運動を生みだし，それをクランク軸の回転運動に換え，カウンタを動かす仕組み。

■膜式マイコンメーターの作動状態

　弁の位置がA室充填状態（図の(a)）にある時，ガスがA室に充填され可動式の膜をB室側に押し，B室内のガスが出口より排出される。膜の動きはクランクで弁に伝えられ，B室の排出が終わると弁が移動して，ガスがB室充填状態に切り替わる。次に，B室にガスが充填されて可動式の膜をA

室側に押し，A室内のガスが出口より排出される。A室の排出が終わると弁が移動して，ガスがA室充填状態に切り替わる。このような動作でガスの充填及び排出がA室とB室で交互に繰り返される。A室およびB室の容積と動作回数からガスの使用量が計測され，クランクの動作を回転運動に変換して，機械式レジスタを動かしガス積算量を表示する仕組みとなっている。

図に示した往復弁の代わりに回転による弁も実用化されている。

■マイコンメーターの形式

名称	形式	機能
マイコンメーターS	膜式 ①～⑦の機能	①　消費者の消費パターンを学習して，その消費者に合った遮断値を自動設定する
マイコンメーターE	電子式 （超音波式） ①～⑨の機能	②　感震器内臓，ガス使用中に震度5以上の地震の際，ガスを遮断する ③　圧力センサ内臓，供給圧力異常を検知して，警告や遮断をする ④　双方向遮断弁で，故意の詰め物にも遮断弁を開かず，ガスの不正使用や自損行為を防止する ⑤　宅内操作器やセンサ装置で遮断弁の遠隔操作可 ⑥　警報器の電源プラグ抜けの継続で警告を発す ⑦　ガスの特殊使用形態に対応し，時間遮断なしや遮断設定値の下限値アップが設定できる
		⑧　微少流量になって数秒で感知，安全性や復帰時の利便性高い ⑨　計量室不要のため，従来型の半分の大きさ（小型化できる）

表　主なマイコンメーターの種類

分類	種類	容量 [m³/h]	検定有効期間
家庭用	マイコンメーターS，E [1]	2.5	10年
	マイコンメーターS4，E4	4	
業務用	マイコンメーターSB4，EB4 [2]	4	7年
	マイコンメーターSB10，EB10	10	
	マイコンメーターSB16，EB16	16	
	マイコンメーターEB25	25	

1）24号を超える湯沸器保有世帯には設置できない。
2）Bは業務用の意。
なお，マイコンメーターの設置により生じる圧力損失は，カタログ等での参照が望ましい。

■マイコンメーターSの構成

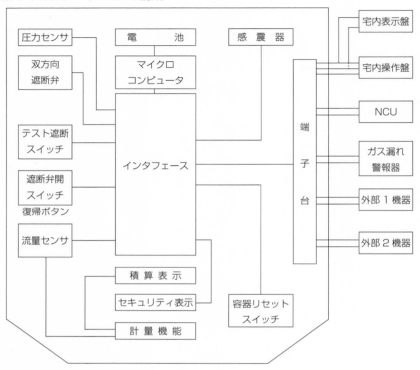

① 計 量 部……計量機能
② 表 示 部……積算表示，セキュリティ表示
③ センサ部……流量センサ，圧力センサ，感震器
④ 制 御 部……マイクロコンピュータ，インタフェース，電池，テスト遮断ス
　　　　　　　　イッチ，容器リセットスイッチ
⑤ 遮 断 部……双方向遮断弁，遮断弁開スイッチ（復帰ボタン）
⑥ 外部機器……外部機器（ガス漏れ警報器など）

図　マイコンメーターSの構成図

■マイコンメーター本体が保有する機能（○は機能あり，△は付加機能あり）

機能 ＼ 種類	家庭用，業務用 2.5～4 m³/h				業務用 6～16 m³/h	業務用 6～25 m³/h
	S 4	SB 4	E 4	EB 4	SB 6～16	EB 6～25
合計・増加流量遮断	○	○	○	○	○	○
継続使用時間遮断	○	○	○	○		
復帰安全機能	○	○	○	○	○	○
テスト遮断	○	○	○	○	○	○
感震器作動遮断	○	○	○	○	○	○
電池電圧低下遮断	○	○	○	○	○	○
流量微少漏洩警告	○	○	○	○	○	○
口火登録	○	○	○	○	○	○
遮断異常警告	○	○	○	○	○	○
圧力監視 調整圧力異常警告	○	○	○	○	○	○
圧力監視 閉塞圧力異常警告	○	○	○	○	○	○
圧力監視 圧力低下遮断	○	△	○	△	△	△
圧力監視 圧力微少漏洩警告	○	△	○	△	△	△
セキュリティ表示	○	○	○	○	○	○
ガス漏れ警報器作動遮断	○	○	○	○	○	○
通信機能	○	○	○	○	○	○

■マイコンメーターの遮断機能

① 合計流量オーバー：メーターの容量により定められた流量を超えてガスが流れた場合は，異常と判断。

② 個別最大流量オーバー：メーターの容量に比して異常に大きな器具のガス流量がある場合は異常と判断。

③ 安全継続使用時間オーバー：各ガス器具の一般的な使用時間をマイコンに記憶させ，定められた時間を超えた場合は，異常と判断。

④ テスト遮断：遮断弁の動作確認のための遮断。

⑤ 感震器による遮断：震度5以上の揺れを感知して遮断。

⑥ 電池電圧低下遮断：電池電圧が規定値以下になると警告，40日経過後はガスを使用していない時に遮断。

⑦ 復帰安全機能：遮断弁作動の後，手動で遮断弁を開け復帰する際に，ガ

ス漏れを検知して遮断。

■異常表示の表示例（各欄の３つの○は，メーターの表示板の位置を示す）

機能		LCD（液晶）表示
合計・増加流量遮断		○○ⓒ 1) ガス止 2)
使用時間遮断		Ⓐ○ⓒ ガス止
テスト遮断		○Ⓑⓒ
感震器作動遮断		ガス止
電池電圧低下	表示	Ⓐ○○
	遮断	A 2) ガス止
微小漏洩警告（流量式）		○Ⓑ○
圧力監視	調整圧力異常警告	Ⓐ Ⓑ ○ R 2)
	閉そく圧力異常警告	
	圧力低下遮断	○Ⓑⓒ ガス止 P 2)
	圧力式微小漏洩警告	○Ⓑⓒ R

1）Ⓐ，Ⓑ，および，ⓒは，点滅することを意味し，○は点滅や点灯をしない
　ことを示す。
2）ガス止表示，Ａ表示，Ｐ表示，および，Ｒ表示は，そのような表示がなさ
　れることを示す。

■その他の機能

① CO 中毒対策流量区分：不完全燃焼の防止機能のない燃焼器について，
一酸化炭素（CO）中毒事故の防止のために，継続燃焼時間を 20 分に制限
する機能。もちろん，この機能だけで確実に一酸化炭素中毒の防止ができ
るわけではない。

② 警報器連動機能：ガス漏れ警報器や一酸化炭素警報器などと連動するた
めの入力端子があって，それらの機器からの信号によってもガスの遮断が

できるようになっている。

③　遠隔遮断弁開閉：通信端子を利用して，家庭内にある宅内操作器や宅内表示器から遮断弁開閉操作をすることもできる。

④　電話回線利用機能：電話回線とつないで，自動検針，残量管理，緊急遮断などもできるようになっている。

■マイコンメーターを使った集中監視システムの目的

①　24 時間の保安情報監視による保安レベル向上

②　LP ガス容器の残量管理によるガス切れ防止と配達合理化

③　自動検針による検針合理化

④　保安情報収集による保安管理の機械化

⑤　通信回線の利用による事業の多様化

■集中監視システムの概要

①　自動検針：マイコンメーターの積算値を集中監視センターへ送信。

②　残量管理：残量管理による警告（レベル 1 からレベル 3 まで設定可能）

③　セキュリティデータ通報：遮断や警告の情報をセンターへ送信。

④　センター緊急遮断：消費者の消し忘れなどの情報によりセンターから遮断。

⑤　センター遮断：主に空き家などを対象に，センターから遮断。

⑥　センター開：消費者からの要請で，センターから「開」とする場合（マイコンメーター SB と EB では，双方向遮断弁搭載の機種のみ）。

⑦　センターローディング：センターからマイコンメーターの制御コードなどを設定・選択する機能。

■集中監視システムの構成

■ガスメーターの選定の原則

① 家庭用設備のガスメーターは，マイコンメーターとする。

② 業務用設備のガスメーターも，マイコンメーターを原則とするが，その設置が困難な場合には，一般のガスメーターとする。これは次の2つの場合がある。

イ：ガス消費の形態に特別の事情のある場合。

ロ：マイコンメーターの設置に，設置先からの承認が得られない場合。

③ マイコンメーター搭載の感震器作動遮断機能は，政令指定されているので，器具省令および KHK 技術基準[1] に基づく自主検査に合格し，PS マークが付されているものを使用する。

　　　　　　　　＊1）KHK 技術基準とは，高圧ガス保安協会（KHK）が定める基準。

■燃焼器の事前調査

① 燃焼器の機種や消費量を，ガスメーター設置台帳調査用紙などにより的確に調査する。

② マイコンメーター設置の場合は，燃焼器の増減や，季節性による使用状態を定期的に把握し記録に残す。

■ガスメーター容量の選定（全ての燃焼器の合計流量以上の計量能力のあるもの）

計量上の使用範囲	① 一般のガスメーター 　使用最大流量≧最大ガス消費量×1.2 ② マイコンメーター 　使用最大流量≧最大ガス消費量×1.0
保安上の使用範囲	LP ガス供給設備の供給圧力および消費設備の配管口径や長さなどの仕様により，すべての燃焼器を燃焼させた場合の燃焼器の入口圧力として，2.0～3.3 kPa が確保できるようにガスメーターを選定する

最大ガス消費量が kW 表示の場合の計算は

最大ガス消費量(m^3/h) ＝ 最大ガス消費量$(kW) \div 14\,kW/(kg/h) \div 2\,kg/m^3$

燃焼器等の容量がkW単位であれば，
それを14で割ってkg/h単位のものとし，
さらにそれを2で割ってm³/h単位のものとするんだね

■ガスメーター設置に関する一般的注意事項

① 長時間の直射日光の当たる位置や湿気の多い場所を避ける。

② 検針や表示確認が容易であるようにする。

③ 低圧電線から 10 cm 以上，電気開閉器や安全器から 60 cm 以上離す。

④ ガス容器と接触して破損しない位置にする。

⑤ 消費者の承諾が得られることや，建築物の美観を損ねないことも重要。

⑥ ガスメーターの交換，漏洩検査，容器交換などの維持管理の容易な位置にする。

⑦ 調整器とガスメーターとの間の配管には，ドレン抜きを設ける。

⑧ ガス容器の直近に設置する場合，ガスメーター入口は容器出口より高い位置にする。

⑨ 寒冷地や積雪地では，必要に応じて雪や凍結の防護措置を講じる。

⑩ 振動を強く受ける場所や腐食性ガスが発散するおそれのある場所，高圧電気設備の近傍など，ガスメーターに影響のありそうな場所を避けるか，あるいは，適切な保護措置を講ずる。

■ガスメーター回りの配管設計に関する注意事項

① ガス容器の交換時に，衝撃を受けない場所に設置する。

② ガスメーターの設置高さとしては，調整器（自動切替式を含みます）より 5 cm 以上高い位置にする。

③ 低圧ホースは，容器側から見て，5 cm 以上の下がり勾配とする。

④ 高圧ホースは，容器側から見て，5 cm 以上の上がり勾配とし，ホース部にたるみがないようにする。なお，ガスメーターの設置高さが調整器（自動切替式を含みます）より 5 cm 以上高い位置に設置できない場合には，立上がり管長さを 40 cm 以上とする。

⑤ 一つの供給設備から複数の消費設備にガス供給する場合，各々の消費設備に対応するガスメーターを各々ごとに設置し，各ガスメーター入口にねじガス栓を設ける。

■ガスメーターの扱いに関する注意事項

① 運搬，取付け，取外しなどにおいて，落下，衝撃などを加えないように丁寧に扱う。

② ガスメーターの中に，水やゴミが入らないように，取付け直前までガス

出入口に封をしておく。

③　取付け前に，ガスメーターの外観に異常がないことを確認する。

④　交換時に取り外したガスメーターは，ガス出入口から水やゴミが入らないようにガムテープなどで封をしておく。

■ガスメーターの取付工事に関する注意事項

①　ねじ接続などの配管工事において，切削油やその他の異物がガスメーター内部や配管内部に入らないように注意する。

②　検針やガスメーター交換，あるいは，復帰操作が容易な場所に設置する。

③　ガスメーターは，水平や垂直に取り付け，また無理な力がかからないように配管する。ここでいう水平は，目視でわからない程度の傾き（前後左右3度以内）とする。

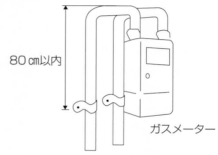

80 cm以内

ガスメーター

図　ガスメーターの取り付け

④　ガスの入口や出口を間違えないように，ガスメーターに付されているガス流れの方向記号（矢印，入口表示など）を確認して取り付ける。

⑤　配管との接続は，ガスメーターの型式，容量区分に応じた専用のメーター継手（配管接続部品）を使用する。

⑥　ガスメーター周辺の配管は，ガスメーターの振動防止のため，口金から80 cm 以内の位置に配管固定金具で壁または支柱などにしっかりと固定する（右上の図参照）。

⑦　ガスメーターを接続した際には，配管部分の気密試験を実施して，その記録を残す。

■ガス供給設備・消費設備の工事後の確認事項

①　配管の気密試験（規則例示基準第29節）

②　ガス置換

③　点火試験（燃焼試験）

④　調整器の調整圧力の測定

⑤　燃焼器入口部直近の圧力の測定

⑥　閉そく圧力の測定（供給開始時）

⑦　設置後に，取扱説明書に従って，注意点などを消費者に説明する。

■ガスメーターの維持管理

①　整備すべき台帳類：ガスメーターの販売業者は，ガスメーターの維持管理に万全を期すため，販売所ごとにガスメーター管理台帳，ガスメーターおよび関連安全機器を取り付けた先の消費者の設備状況などを記載する記録台帳を整備しておく。

②　検定証印および基準適合証印：LPガスの取引に用いられるガスメーターは，計量法に基づいて，都道府県知事が計量検定所あるいは指定検定機関が行う検定を受けて検定証印が付されているか，あるいは，それを製造した指定製造事業者が付す基準適合証印が，鉛玉の形で付いているはずで，その鉛玉の表には，検定証印なら 𫝀 のマーク，基準適合証印なら 回 のマークがある。また，その裏には，有効期間満了の年月がたとえば $\frac{2025}{12}$ のように付けられている。この例では，有効期間が2025年12月で満了になることを示している。かつては和暦（平成など）で表示されていたが現在では西暦表示になっている。

③　保安点検の一部代替：マイコンメーターSやEでは，調整器の調整圧力，閉そく圧力，燃焼器の入口圧力の点検，あるいは，メーター上下流の漏洩試験を自動的に行うことが可能となっているので，（以前は人間が行っていたこれらの点検について）販売事業者は2か月に1回以上の頻度で警告表示等を確認し，あるいは，集中監視システムで常時監視して，必要に応じた措置を講じ，その確認結果や講じた措置を管理台帳に記載して，1年間以上保存する。

④　検定有効期間満了関係：販売事業者は，事業年度末までに次年度中に検定有効期間満了となるガスメーターの交換計画を立て，表示されている検定有効期間満了年月までに新しいガスメーターと交換する。

検定証印や基準適合証印は
その有効期間満了の年月が，
鉛玉の裏に記されているんだね

実戦問題

問1．調整器に関して，イ，ロ，ハ，ニの記述のうち，正しいものはどれか。

イ．自動切替式の分離型一次用調整器には，安全装置が設けられていない。

ロ．単段式調整器に表示されている容量とは，1時間当たりに減圧が可能な液化石油ガスの量であるので，その単位は kg/h である。

ハ．二段式一次用調整器は，入口圧力の上限値が 1.56 MPa に設定されているので，これを単独で単段式調整器の代わりに用いることは可能である。

ニ．家庭用の自動切替式調整器において，表示器の色が赤に変わっている場合は，予備側容器からのガス供給が始まったことを意味している。

(1) イ，ハ

(2) イ，ロ，ニ

(3) ロ，ハ

(4) ロ，ニ

(5) ロ，ハ，ニ

問2．次のイ，ロ，ハ，ニの記述のうち，正しいものはどれか。

イ．小規模集団供給方式において調整器の容量は，一般消費者の戸数，燃焼器の合計容量，消費状況などから最大消費数量を推定し，この数量の 1.5 倍以上の容量を標準とすべきである。

ロ．高圧ホースを調整器に接続するために，調整器の入口を容器用の弁よりも 3 cm 低い位置に設置することが必要である。

ハ．二段式一体型調整器には，バルク供給用としてガス放出防止器（EFV）が組み込まれたものもある。

ニ．1戸の一般消費者の場合，LP ガス供給設備に設置する自動切替式一体型調整器の選定にあたっては，その消費者宅における最大消費数量が 68 kW であったので，8 kg/h の容量のものを選んだ。

(1) イ

(2) イ，ハ，ニ

(3) ロ，ハ

(4) ロ，ハ，ニ

(5) ロ，ニ

問3. マイコンメーターに関する次のイ，ロ，ハ，ニのうち正しいものはどれか。

イ．マイコンメーターSには，定められた期間を超えて微少の流量が流れ続けた場合に，ガスを遮断する機能がある。

ロ．マイコンメーターの検定証印等の有効期間には，7年と10年とがあり，それぞれ設置してからの使用期間を意味するので，ガスの供給停止の期間や在庫された期間は含まれない。

ハ．マイコンメーターSは，一酸化炭素中毒事故を防止するため，CO中毒対策流量区分の使用時間を制限する設定ができる。

ニ．使用最大流量が$6\,m^3/h$以下のマイコンメーターSの検定有効期間は10年となっている。

(1) イ，ロ，ハ
(2) イ，ロ，ニ
(3) イ，ハ
(4) イ，ニ
(5) ハ，ニ

問4. ガスメーターの維持管理について，次の記述のうち正しいものはどれか。

イ．ガスメーターの販売業者は，ガスメーターの維持管理に万全を期すため，販売所ごとにガスメーター管理台帳，ガスメーターおよび関連安全機器を取り付けた先の消費者の設備状況などを記載する記録台帳を整備しておく。

ロ．LPガスの取引に用いられるガスメーターは，計量法に基づいて，都道府県知事が計量検定所あるいは指定検定機関が行う検定を受けて検定証印が付されているか，あるいは，それを製造した指定製造事業者が付す基準適合証印が，鉛玉の形で付いている。

ハ．ガスメーターには，検定証印なら 🈁 のマーク，基準適合証印なら 🈁 のマークがついている。

ニ．販売事業者は，事業年度末までに次年度中に検定有効期間満了となるガスメーターの交換計画を立て，表示されている検定有効期間満了年月までに新しいガスメーターと交換する。

(1) イ
(2) イ，ロ，ニ
(3) イ，ハ

⑷　イ，ニ

　⑸　ロ，ハ，ニ

解答・解説

問1. 正解 ⑵ イ，ロ，ニ

解説

イ．（正）自動切替式の分離型一次用調整器には，基本的に安全装置が設けられていません。

ロ．（正）単段式調整器に表示されている容量は，1時間当たりに減圧が可能な液化石油ガスの量ですので，その単位は kg/h です。

ハ．（誤）入口圧力の上限値ということで規格が同一であっても，調整圧力の規格は異なるなど，同一でない点も多く，単独で単段式調整器の代わりに用いることはできません。

ニ．（正）家庭用の自動切替式調整器において，表示器の色が赤に変わっている場合は，予備側容器からのガス供給が始まったことを示しています。

問2. 正解 ⑵ イ，ハ，ニ

解説

イ．（正）小規模集団供給方式において，一般消費者の戸数，燃焼器の合計容量，消費状況などから最大消費数量を推定し，この数量の 1.5 倍以上の容量を標準とすべきです。

ロ．（誤）容器用の弁と調整器の入口との間は，容器内の圧力と同じ高圧になります。高圧ホースを調整器に接続する場合，再液化した LP ガスなどが溜って調整不良にならないように，調整器の入口は容器用の弁よりも高い位置に設置することが必要です。規程では 5 cm 以上とすることとされています。

ハ．（正）二段式一体型調整器には，バルク供給用としてガス放出防止器（EFV）が組み込まれたものもあります。

ニ．（正）その消費者宅における最大消費数量が 68 kW であるということは，kW の数値を 14 で割って kg/h の数値としますので，

$68 \div 14 \fallingdotseq 4.85$ kg/h

さらに，1.5 倍して選定しますので，

$4.85 \times 1.5 \fallingdotseq 7.28$ kg/h

したがって，8 kg/h の容量のものを選ぶことは正しいことと言えます。

問3. 正解 ⑸ ハ，ニ

解説

イ．（誤）マイコンメーターSやEには，定められた期間を超えて微少の流量が流れ続けた場合に，ガスを遮断する機能はありません。あるのは，そのような場合に警告表示する機能です。遮断と警告の区別を確認しておいて下さい。

ロ．（誤）マイコンメーターの検定証印等の有効期間には，7年と10年とがあることは正しいです。ただ，それぞれ設置してからの使用期間ということではなくて，製造されてからの使用可能な期間を意味しています。したがって，ガスの供給停止の期間や在庫された期間も含まれます。

ハ．（正）マイコンメーターSやEは，一酸化炭素中毒事故を防止する目的で，CO中毒対策流量区分の使用時間を制限する設定ができるようになっています。

ニ．（正）使用最大流量が2.5~6 m³/h のマイコンメーターSの検定有効期間は10年となっています。

問4. 正解 ⑵ イ，ロ，ニ

解説

イおよびロは，いずれも正しい記述です。

ハ．（誤）マークが逆になっています。正しい表記は，検定証印なら ⊡ のマーク，基準適合証印なら ▣ のマークです。

ニ．（正）販売事業者は，事業年度末までに次年度中に検定有効期間満了となるガスメーターの交換計画を立て，表示されている検定有効期間満了年月までに新しいガスメーターと交換します。

第4章
配管材料

重要度B

第1節　管類

■炭素鋼鋼管

分類	JIS	記号	内容
圧力配管用	G 3454	STPG	高圧 LP ガス設備に用いられる
一般配管用	G 3452	SGP	中圧および低圧 LP ガス設備に用いられる。 ・白管：錆び防止で亜鉛めっきの管 ・黒管：亜鉛めっきしていない管

■鋼管の呼び径（内径に近い値であるが，内径そのものではない）

A 呼称	単位を mm として内径に近い値を用いる
B 呼称	単位をインチとして内径に近い値を用いる

（例）　$15\,\text{A} = \dfrac{1}{2}\text{B}$

■呼び厚さ（スケジュール番号）

　同じ呼び径のものの中で，厚みを表す数字。

　通常は，スケジュール40，スケジュール60，スケジュール80などが使われ，管をねじ接合する場合には，スケジュール80以上を用いる。

■被覆鋼管

被覆白管	白管の全長について，後述の防食テープを半幅ずつ重ね合わせて巻き，必要に応じてその上に保護テープを巻いたもの
被覆黒管	黒管の全長について，後述の防食テープを半幅ずつ重ね合わせて巻き，必要に応じてその上に保護テープを巻いたもので，溶接接合の必要のある場合に限り使用する

■塗装鋼管

塗装白管	白管の全長について，ペイント（保護目的の塗料）またはこれと同等以上の防食性能を有するプライマ（下塗り用接着剤）を1回以上塗装し，さらに仕上げ塗装したもの。床下の多湿部および屋内の水の影響のあるところには使用不可
塗装黒管	黒管の全長について，ペイントまたはこれと同等以上の防食性能を有するプライマを1回以上塗装し，さらに仕上げ塗装したもので，溶接接合の必要のある場合に限り使用する。床下の多湿部および屋内の水の影響のあるところには使用不可

■プラスチック被覆鋼管

塩化ビニル被覆鋼管		配管用炭素鋼鋼管の黒管に耐候性のある硬質塩化ビニルを被覆したもの
ポリエチレン被覆鋼管		JIS G 3469 に定めるもので，次の4種がある
	P1H	ポリエチレン1層で接着剤を使用した接着型（ハードタイプ）のもの
	P2S	防食用ポリエチレンと包装用ポリエチレンからなる2層構造のもの
	P1T	P2Sの包装用材料のないもの
	P1F	ポリエチレン1層で，異形管に用いられるもの
ナイロン被覆鋼管		配管用炭素鋼鋼管の黒管にナイロン11またはナイロン12を粉体塗装によりコーティングしたもの。被覆の原管への密着性が極めてよい

■配管用フレキ管（フレキシブル管）

　低圧配管用として開発された可撓性（曲げられる性質）のある配管材料。狭いスペースの工事も容易で，工事期間も短縮できる。さや管（鞘管，合成樹脂管の保護のため，その外側に用いる管）を用いて埋設部の低圧配管としても使用できる。

■ガス用ポリエチレン管

　埋設管を腐食させないために腐食性のない材料を用いる趣旨の管であり，耐薬品性が良好で，電気絶縁性も高いため，化学的腐食や電気的腐食がほとんどない。ただし，ベンゼンなどの有機溶媒には膨 潤 （吸収して膨らむこと）を起こすおそれがあり，融点である 126℃ 以上の熱や直射日光に弱く，原則として 30 cm 以上の深さの埋設部に使用，屋外露出配管などには使用禁止である。

■銅管

　LP ガス設備には，JIS　H　3300 銅及び銅合金の継目無管に定めるりん脱酸銅の管が用いられる。圧力区分に応じ，次の口径の管が使用される
・高圧部に用いる管（ピグテール[1] に限る）：外形 6 mm，肉厚 1 mm のもの
・中・低圧部に用いる管：外径 8〜12 mm，肉厚 0.8 mm のもの

　　＊1）ピグテールは，ピッグテール（豚のしっぽ）で，図のような使い方をする場合
　　　　（継手金具付）

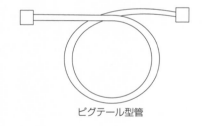

ピグテール型管

第2節　ホース類

■継手金具付高圧ホース（あるいは，単に高圧ホース）

連結用	充てん容器と単段式調整器との接続
集合用	充てん容器と自動切替式調整器または高圧集合装置とを接続

いずれも，取り付けや取り外しを容易にするため，十分に可撓性（柔軟性があり，折れにくい）を有する。

■高圧ホースの構造

内面部	耐LPガス性の合成ゴム層
中間部	糸編組の補強層
外面部	耐候性ゴム層
両端	継手金具を特殊工法で取付，ガス放出防止機構（張力式と過流式の2タイプあり）を内蔵

■高圧ホースの性能

- ・液化石油ガス器具等（特定液化石油ガス器具等以外）に政令指定されていて，器具省令およびKHK技術基準に基づく自主検査に合格し，PSマークが付されたものを使用する
- ・保安確保機器として，Ⅰ類（S型）のものとⅡ類のものがある
- ・交換期限は製造年月から，Ⅰ類が10年，Ⅱ類が7年となっている

■連結用高圧ホースの種類

チェック弁付きのもの	Cの刻印あり
チェック弁付きでないもの	Cの刻印なし ガスの供給を止めることなく容器の交換が可能

チェック弁とは逆止弁のこと。

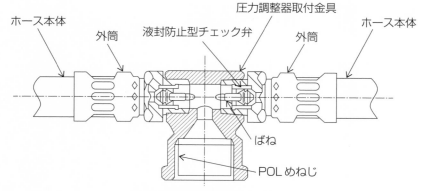

図　液封防止型連結ホース（両側）

■高圧配管用継手付金属製フレキシブルホース

　ステンレス鋼板またはステンレス鋼帯製のフレキシブルチューブに，ステンレス鋼板，ステンレス鋼帯，ステンレス鋼線材のブレード（ブレードとは，補強材入りのこと）を施したもので，両端にフランジその他の継手を有するもの。耐圧性能は 2.6 MPa 以上。

■低圧ホース

継手金具付低圧ホース ・外面色：黒色 ・文字表示（白色）「LPG 用低圧ホース」	最内層	合成樹脂のバリア層	性能：耐 LP ガス透過性，耐寒性，耐候性，耐圧 0.8 MPa 以上，引張強度 1 kN 以上 PS マークのもの使用。製造年月から I 類（S 型）は 10 年，II 類は 7 年で交換
	内層	内層ゴム層	
	補強層	合成繊維	
	外層	外層ゴム層	
燃焼器用ホース ・ホース外面の文字表示「LPG 燃焼器用鋼線入りホース」	内層	耐 LP ガス性，耐食用油性	接続部にテーパユニオン継手（TU 継手）と管用テーパねじ継手とがある。TU 継手は相手に TU 表示のもののみを使用
	補強層	鋼線補強	
	外層	耐候性，耐薬品性	

■ガスコード（両端迅速継手付燃焼器用ホース）

両端の迅速継手とホースが一体になったもの。KHK技術基準に基づく自主検査に合格したもの，または，JIS認証品（JIS S 2146）を使用する。

ガスコード

■低圧配管用継手付金属製フレキシブルホース

ステンレス鋼板またはステンレス鋼帯で製作されたフレキシブルチューブに，ステンレス鋼板，ステンレス鋼帯，ステンレス鋼線材またはステンレス鋼線製のブレードを施したもので，両側に継手金具（ニップル，ユニオン，もしくはフランジ）を有する。耐圧性能は，0.8 MPa 以上で，地盤沈下対策などのため，低圧配管に用いられる。

■金属フレキシブルホース

主に末端ガス栓（原則として可撓管（かとう）ガス栓）と湯沸器，レンジなどの固定式燃焼器を接続。構造は，長手方向に波形の断面形状の本体部分とその両端に接続金具を持ち，ホース本体はステンレス鋼または銅合金。表面に樹脂被膜あり，可撓性や耐食性にすぐれる。接続金具とホース本体の接続はフレア接続（下図参照）なので，必ず専用の接続金具を使用する

フレア接続部

■低圧ゴム管（あるいは，単にゴム管）

末端ガス栓と移動式燃焼器を接続する場合に限り許される。耐食用油性にすぐれ，LPガスに侵されないものであること。

■ゴム管の扱い

① 可撓性は高いが，強度は強くないので，あまり長いものは使用しない

② ホースエンドに差し込む際は，ホースエンドの赤線まで差し込み，必ず
ホースバンドをする。ホースバンドには，ねじ式とばね式があり，ねじ式
では締めすぎないこと（工具締め付けは厳禁）。

③ ホースエンドに頻繁に抜き差しすると抜けやすくなるので避けること。
その必要のある場合には，迅速継手を用いる。

④ LPガス設備の中で，最も不安の多いものなので，点検の際に劣化傾向
を認めたら速やかに新品と交換する。一般消費者にも扱いの注意点を周知
のこと。

■迅速継手

末端ガス栓とゴム管または燃焼器とゴム管を簡便に接続するために開発され
たもの。便利で安全に接続できる。

図　迅速継手

■迅速継手の扱い

① プラグ（雄型）とソケット（雌型）の組合せになっているので，ガスの
流れとして，必ずプラグを上流側に用いること。

② 移動式燃焼器と末端ガス栓の接続に用い，固定式燃焼器には使用しな
い。

③ 検査合格品を用いる。

④ その他，取扱説明書に従うこと。

第3節　継手類

■管接手の分類

分類	名称	説明	
鋼管用継手	ねじ込み継手 （ねじ型の接合）	高圧部	炭素鋼鍛鋼品または同等以上のものを用いる。
		中・低圧部	露出部には可鍛鋳鉄品の黒心品または同等以上のものを用いる。埋設部にはプラスチック被覆鋼管用継手を用いる腐食電流遮断のため，電気的絶縁継手を適宜用いる
	フランジ継手	円盤，または円盤と円筒を組み合わせた接合。20Ｋ鋼管差込溶接式または同等以上のものを用いる	
	溶接継手	溶接による管の継手接合で，有資格者によることが望ましい	
	メカニカル継手 （差込継手）	ねじを用いず，機械的（メカニカル）な方法により接続する管継手。主に水道配管に多い	
	伸縮継手	配管中の膨張・収縮を吸収するために設けられる継手。スリーブ形，ベローズ形，屈折形伸縮継ぎ手，伸縮曲り管，スイベルジョイントなどがある	
配管用フレキ管継手		配管用フレキ管継手に配管用フレキ管を差し込むだけなどの簡易なもの	
ガス用ポリエチレン管継手	融着接合用継手	・ヒートフュージョン（HF）接合継手 　210〜260℃に加熱されたヒータを密着させて接合する。次の３種あり 　　・突き合わせ（バット）融着 　　・差し込み（ソケット）融着 　　・サドル融着 ・エレクトロフュージョン（EF）接合継手 　電熱線を内蔵し電気的に融着接合する	
	機械的接合用継手	上記のメカニカル継手に同じ	

第4節 パッキン，シール材など

■ガスケット・パッキン（ガスの漏洩を防止）

ガスケット	装置にて，相互に運動しないものどうしの間に使用。フランジなど
パッキン	装置にて，相互に運動するものどうしの間に使用。バルブのグランドなど

■ガスケット・パッキンの材料

ゴム類	天然ゴムはLPガスに侵されるため使用不可。合成ゴムの中で，ニトリルゴムが多用される。耐油性，耐熱性，耐薬品性にすぐれ，－54～150℃ で使える
ジョイントシート	線維と合成ゴムを練り合わせて圧縮成形したもの。多種が市販されている。選定には十分な調査が必要
四フッ化エチレン樹脂	いわゆるテフロン®で，耐薬品性良好，ただ弾性が低く圧縮により伸びるため，他材で挟んで使用する

■シール材・剤（充てん材・剤）・・・ねじ込み接合部に用いて漏洩防止

ねじ部に塗布するシール剤 （乾性型，半乾性型，不乾性型がある）	雄ねじ部に塗布して用いる。塗布して接続した後も柔軟性を保ち，振動や衝撃に耐えて気密が維持できる半乾性型や不乾性型が多用される。特に埋設部で地盤沈下などによる損傷防止のため，管系統に可撓性を持たせるためには不乾性のものが必要
四フッ化エチレン樹脂製テープ	テフロンテープ，シールテープなどと呼ばれ，雄ねじ部に巻きつけてねじ込む。使用法は簡便だが，一度ねじ込んだものは，必ず新しいテープを巻き直すことが必要

ペンキ，パテ，光明丹（赤色顔料，鉛丹ともいう），麻などは使用できない。

■防食テープ（腐食防止用）

① 塩化ビニルを基材とし，合成ゴム系の粘着剤を塗布したもの。

② ポリエチレンを基材とし，合成ゴム系の粘着剤を塗布したもの。

③ 合成繊維の不織布などを基材とし，ペトロラタム（パラフィンを主成分とする不活性な石油グリス）系の粘着剤を塗布したもの。

第5節　バルブ・ガス栓

■バルブの種類（主に集合装置や特定供給設備に係る貯蔵設備に設けられる）

① 玉形弁（グローブ弁）

② 仕切弁（ゲート弁，または，スルース弁）

③ ダイヤフラム弁

④ ボール弁

バルブは，
日本語で弁と言うんだね

■高圧部に使用するバルブの選定

① JIS G 5151（高温高圧用鋳鋼品）または JIS G 5152（低温高圧用鋳鋼品）に定める鋳鋼品により製造されたもの。

② JIS H 3250（銅及び銅合金の棒）に定める C 3771（鍛造用黄銅）により製造されたもの。

③ ダクタイル鉄鋳造品[1]またはマレアブル鉄鋳造品[2]により製造されたもの。

④ アルミニウム合金により製造されたもの

　＊1）組織中のグラファイト（黒鉛）の形を球状にして強度や延性を改良した鋳鉄

　＊2）展性を改良した鋳鉄で，可鍛鋳鉄（黒心可鍛鋳鉄）という。

■ガス栓

ねじガス栓 （中間ガス栓，メーターガス栓）	その出口側取付部に硬質管（金属フレキシブルホースを除く）を接続するもの。主に供給管や配管の途中に設置することを意図しているので，同じ口径の可撓ガス管に比して，機械的強度は強く流路面積が大。燃焼器の使用において日常的な開閉操作が想定されていないので，ロック機構の義務付けはない

可撓管ガス栓 （か とうかん）		出口側取付部に金属フレキシブルホースや燃焼器用ホースを接続して，固定式燃焼器と接続することを目的とする。燃焼器の使用において日常的な開閉操作が想定されているので，開閉耐久性が高く，押し回し機構などのロック機構の義務付けあり。過流出安全機構は内蔵されない。浴室などでは防水仕様のものが必要
機器接続ガス栓		可撓管ガス栓の一つ。出口側取付部を直接に燃焼器の入口側接続部に接続。このため，出口側取付部に自在機構を備え，入口側取付部が配管用フレキ管を直接接続するものが一般的
ホースガス栓 （ヒューズガス栓） 過流出安全機構内臓 （消費量が，10 kW 以下と 15 kW 以下 の 2 種あり）	ガスコンセント	ガス栓を開閉する「つまみ」がないもので，迅速継手による。装着してガスが流れ，取り外すとガスが停止する
	ボックスガス栓	ガス栓が箱に収納され，主に壁や床に埋め込んで設置。出口側取付部に迅速継手を接続しなければガスが流れず，ガスを閉じなければ迅速継手が取り外せない構造になっている
	ON・OFF ヒューズガス栓	つまみの開度が，内蔵の過流出安全機構の作動流量が確保できないと ON·OFF 機構部の弁が開かない構造。中途開（半開）ではガス流を停止する
	リターン式ヒューズガス栓	つまみの開度が，中途開の状態では，内蔵のスプリングの力で自動的に閉にする構造。やはり，中途開（半開）ではガス流を停止する

第6節　配管記号

① 供給設備などを表す記号

貯槽		単段式 調整器	Ⓡ
容器	◯ (図面用 アイソメ ⌂)	自動切替式 調整器	
バルク貯槽	バルク	露出配管	———————
バルク容器	(バルク) (図面用 アイソメ バルク)	隠ぺい配管	— — — — —
容器弁	⊗	ガスメーター	Ⓜ
圧力計	Ⓟ	マイコンメータ	
蒸発器 （気化装置）	Ⅴ		

② 管の継手などを表す記号

エルボ	└
ベンド	⌣
ティー	⊤
クロス	+
レジューサ	▷
メカニカル継手	─◯─
伸縮継手 （スライド）	─□─
電気的絶縁継手	─‖─

③ 管の接続形式および管末を表す記号

ソケット形	——┼——
フランジ形	——‖——
ユニオン形	——⫲——
キャップ	———⊐
プラグ	———◁

④ 弁および遮断装置を表す記号

バルブ・ガス栓		ボール弁		
逆止弁	(流れ方向→)	ヒューズガス栓	ホースエンド形（一口）	
ストレーナ	(流れ方向→)		ホースエンド形（二口）	
緊急遮断弁			コンセント形（一口）	埋込み形
ねじガス栓			コンセント形（二口）	埋込み形

⑤ ホースおよび接続具を表す記号

ゴム管など		迅速継手	（プラグ）	ゴム付プラグ
高圧ホース	H		（ソケット）	ゴム付ソケット
低圧ホース	L	金属フレキシブルホース（燃焼器接続用）		

⑥ 燃焼器を表す記号

一口こんろ		ファンヒータ		
二口こんろ		FF式ストーブ		
グリル付二口こんろ		湯沸器	元止式	元
グリル			先止式	先
オーブン			貯湯式	貯
レンジ		ふろがま	内がま式	
炊飯器			外がま式	外
ストーブ		給湯器付ふろがま		外

問1．LPガス配管材料に関する，次のイ，ロ，ハ，ニの記述のうち，正しいものはどれか。

イ．エレクトロフュージョン接合は機械的接合方式であり，ヒートフュージョン接合は融着接合方式に属する。

ロ．配管用フレキ管は，被覆材で覆われている構造だが，床や壁などに埋め込み設置をする際には，さや管による保護措置を必要とする。

ハ．金属フレキシブルホースと接続金具との接続はフレア接続なので，末端ガス栓および燃焼器に接続する際には，必ず専用の接続金具を使用する。

ニ．塩化ビニル被覆鋼管は，床下の多湿部や屋内の水の影響をうけやすいので，そのような場所に使用することには問題がある。

(1)　イ，ハ　　　　　　(2)　イ，ニ

(3)　ロ，ハ　　　　　　(4)　ロ，ニ

(5)　ロ，ハ，ニ

問2．LPガス配管材料に関する次のイ，ロ，ハ，ニのうち正しいものはどれか。

イ．圧力配管用炭素鋼鋼管の呼び方として，A呼称とB呼称とがあり，AやBは，それぞれmmやインチの数値の前に付けて，管の内径を示すものである。

ロ．金属フレキシブルホースは，主として湯沸器など，固定して使用する燃焼器と末端ガス栓を接続するために用いられる。

ハ．ガス用ポリエチレン管は，直射日光や熱などに弱いことに加え，鋼管に比して引張強度や衝撃強度がかなり小さいので，屋外露出配管に用いることは禁じられている。

ニ．白管という配管材料は，錆びないように配管用炭素鋼鋼管に亜鉛めっきを施したものである。

(1)　イ，ロ，ハ　　　　(2)　イ，ロ，ニ

(3)　イ，ハ　　　　　　(4)　イ，ニ

(5)　ロ，ハ，ニ

解答・解説

問1．正解 （3） ロ，ハ

解説

イ．（誤）エレクトロフュージョン接合もヒートフュージョン接合も，いずれも融着接合方式に属します。

ロ．（正）配管用フレキ管は，肉厚がかなり薄いことから，床や壁などに埋め込み設置をする際には，さや管による保護措置を必要とします。

ハ．（正）金属フレキシブルホースと接続金具との接続はフレア接続なので，末端ガス栓および燃焼器に接続する際には，必ず専用の接続金具を使用します。

ニ．（誤）塩化ビニルは，極めて耐水性の良好な素材ですので，床下の多湿部や屋内の水気の多い所でも問題ありません。

問2．正解 （5） ロ，ハ，ニ

解説

イ．（誤）圧力配管用炭素鋼鋼管の呼び方として，A呼称とB呼称とがありますが，AやBは，それぞれmmやインチの数値の前ではなくて，40Aなどのように後に付けます。

ロ．（正）金属フレキシブルホースは，主として湯沸器など，固定して使用する燃焼器と末端ガス栓を接続するために用いられます。

ハ．（正）ガス用ポリエチレン管は，直射日光や熱などに弱いことに加え，鋼管に比して引張強度や衝撃強度がかなり小さいので，屋外露出配管に用いることは禁じられています。

ニ．（正）白管という配管材料は，錆びないように配管用炭素鋼鋼管（SGP）に亜鉛めっきを施したものです。

第5章
保安用検査機器と安全機器

重要度B

第1節　圧力計

■圧力計の分類

分類	名称	用途および内容，注意点等
指針式圧力計	ブルドン管圧力計	・漏洩試験用 ・最大目盛は，常用圧力の 1.5～2 倍程度のものを選定する
	ベローズ圧力計	・漏洩試験用
電気式ダイヤフラム式圧力計 （ダイヤフラムの変形をピエゾ効果として電気的に把握）		・漏洩試験用 ・5.5 kPa まで測定可
マノメーター		・漏洩試験用 ・自記圧力計の校正用
自記圧力計	機械式自記圧力計	・圧力の時間変化記録用，配管等の気密検査用，漏洩試験用，調整器検査用
	電気式ダイヤフラム式自記圧力計	・高精度での圧力の時間変化記録用，配管等の気密検査用，漏洩試験用，調整器検査用，燃焼器の入口圧力検査等

■ブルドン管圧力計の設置に関する注意事項

① 保守管理の容易な位置，温度変化や振動の少ない所，衝撃を受けにくい所。

② 圧力誘導管が短くてすむように取り付け。

③ ガスの導入や排除を急激に行うと狂いが生じるおそれあり。

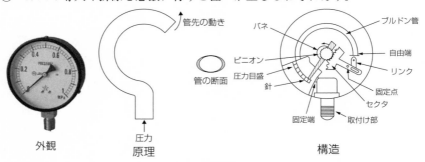

外観　　　　　　　圧力原理　　　　　　　　　構造

ブルドン管圧力計

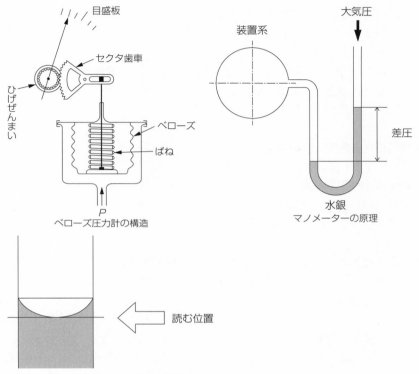

目盛板

セクタ歯車

ひげぜんまい

ベローズ

ばね

P

ベローズ圧力計の構造

装置系

大気圧

差圧

水銀

マノメーターの原理

読む位置

マノメーターのメニスカスの読み方

■機械式自記圧力計の測定範囲と最小目盛単位

測定箇所	測定範囲	最小目盛単位
低圧部の試験	最低圧力 2.0 kPa 以上 最高圧力 8.4 kPa 以上，10 kPa 以下	0.2 kPa 以下
中圧部の試験	0.1 MPa 以上，0.3 MPa 以下	0.01 MPa 以下

■機械式自記圧力計の一般的注意事項

① 　使用上の注意：精密計器なので，運搬，移動，設置などにおいて，振動，（落下などの）衝撃を加えない。直射日光を避け，雨水などをかけない。

② 　設置上の注意：直射日光，冷暖房による温度変化を受けやすい所を避

け，安定した場所になるべく水平に設置。

③　測定上の注意：開始前に零点を確認し，接続を確実に行う。圧力は徐々に上げ，規定以上の圧力には上げない。

④　測定中の圧力変動：配管系統の漏れ以外にも，接続部からの漏れ，ゴム管類からの透過，調整器安全弁の作動，温度変化などによる変動がありうるので注意。

■機械式自記圧力計の定期検査

6 ヶ月に 1 回以上，最低圧力が 2.0 kPa 以上，最高圧力が 8.4 kPa 以上 10 kPa 以下の範囲において，校正用マノメーター（最小目盛単位が 0.02 kPa 以下のものに限る）と比較検査を行って合格を確認する。0.2 kPa 以下の誤差のあるものは，その補正値を用いて使用する。

■電気式ダイヤフラム式自記圧力計の一般的注意事項

①　使用上の注意：精密計器なので，運搬，移動，設置などにおいて，振動，（落下などの）衝撃を加えない。直射日光を避け，雨水などをかけない。

②　設置上の注意：直射日光，冷暖房による温度変化を受けやすい所を避け，圧力計と気温との温度差がある場合には，それらが近づいてから使用する。

③　測定上の注意：オートゼロ（電源をオンにした時の圧力をゼロとする）の調整機能があるものは，供給管等に接続する前に電源オンにする。表示分解能が 0.01 kPa と非常に高精度であるので，温度変化に注意する。

④　測定中の圧力変動：配管系統の漏れ以外にも，接続部からの漏れ，ゴム管類からの透過，調整器安全弁の作動，温度変化，気圧変化などによる変動がありうるので注意。

■電気式ダイヤフラム式自記圧力計の定期検査

気密試験用：12 ヶ月に 1 回以上，最低圧力が 2.0 kPa 以上，最高圧力が 8.4 kPa 以上 10 kPa 以下の範囲において，所定の精度を持つ校正用マノメーターと比較検査を行って合格を確認する。誤差が 0.03 kPa を超える場合には不合格とする。0.03 kPa 以下の誤差の場合には，その補正値を用いて使用する。

漏洩試験用：12ヶ月に1回以上，最低圧力が2.0 kPa 以上3.5 kPa 以下の範囲において，所定の精度を持つ校正用マノメーターと比較検査を行って合格を確認する。この場合0.05 kPa を超える誤差の場合には不合格とする。0.05 kPa 以下の誤差の場合には，その補正値を用いて使用する。

　なお，電気式ダイヤフラム式自記圧力計は，LP ガス測定用マノメーターより高精度なので，正確な比較検査ができないことがある。その場合には製造メーカーなどに比較検査を依頼する。

第2節　ガス検知器

■配管や燃焼器のガス漏洩の検知方式

① （簡易法）石けん水，あるいは，漏洩検知液による泡の確認による。

② （精密法）ガス検知器による。

■ガス検知器の種類とその内容

項目	接触燃焼式ガス検知器	半導体式ガス検知器
原理	センサの周囲に可燃性ガスがあると，表面の触媒を介して空気中の酸素と反応し，それにより発生する熱により白金線の抵抗値が変化する。これを信号として検出	センサの周囲に可燃性ガスがあると，センサ表面の酸素と反応し，その酸素から電子が放出されてセンサの抵抗値が変化する。これを信号として検出
特徴	比較的高濃度まで測定可能で，かつ出力が直線的に変化するので，濃度測定用ガス検知器に適す	センサは低濃度で高い感度を有する。漏洩検知用ガス検知器に適す
精度	出力信号が小さく，高濃度測定では問題ないが，低濃度の場合には，センサ外部の電子回路の精度に左右されることあり	直線出力でないので，濃度換算にはリニア化（直線化）が必要。精度向上にはセンサ外部からの温度補正が必要
使用場所	通常使用では，特に制限なし	通常使用では，特に制限なし
長期安定性	ガス測定感度が若干低下傾向	ガス測定感度が若干上昇傾向
維持管理	安定性は問題ないが，精度維持には定期点検・調整が必要	安定性は問題ないが，精度維持には定期点検・調整が必要

（注）ガス検知器で濃度を表示する場合は，爆発下限界（LEL）に対するパーセントを示す。一般にその LEL を 100 として，0 から 100 までを 20 等分した目盛が用いられる。

第3節　ボーリングバー

■埋設部漏洩検査

　地中の配管などの漏洩検査では，ボーリングバーによって硬い表土（コンクリート層やアスファルト層を含む）を貫通削孔し，嗅覚棒により臭いを，あるいは，ガス検知器でLPガスの有無を確認する

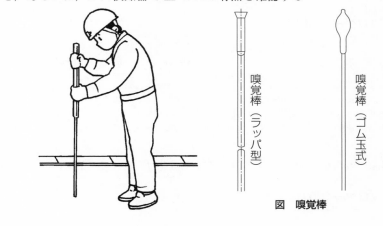

図　嗅覚棒

嗅覚棒（ラッパ型）

嗅覚棒（ゴム玉式）

ボーリングバーの図面

第4節　パイプロケータ

■パイプロケータ（埋設管検知器）

　パイプは管で埋設配管，ロケータは場所を探し出すという意味。ボーリングを行う際に，埋設管の位置を確認する場合，図面で正確な位置が不明の時に，その位置を検知するために用いる。

■パイプロケータの構成

送信部（送信器）	高い指向性を持つ特殊アンテナによって地下に向けて電磁波を発生，金属製埋設管があると，電磁波を受けて二次誘導磁界を発生する
サーチコイル（高い指向性）	受信部とセットになっており，地面上を移動させると，埋設管に近づくにつれて感度が大きくなり，管の真上では急激に感度が低下する。この状態をもとに，埋設管の位置を検知し，受信部に信号を送る
受信部（受信器）	サーチコイルからの信号を受け，音などに変換する

■パイプロケータの方式

方式	内容	深度	距離
誘導法	配管と送信器が直接結ばれていない場合	地下0〜約4m	約50〜200m
直接法	配管の一部が地上部に露出している場合に，発信器（送信器）を直接この配管に接続してより強い二次誘導磁界を発生させる方式	地下0〜約6m	約100〜1000m

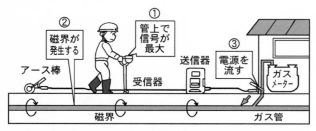

図　パイプロケータの使用方法［大阪ガスHPより引用］

第5節　CO 濃度測定器

■不完全燃焼防止装置（「不燃防」と略す）

　開放式小型湯沸かし器など機器が屋内にある場合，不完全燃焼が起きた時に一酸化炭素中毒を起こす場合があるため，機器内にある2カ所のセンサで温度を測定し，温度差から不完全燃焼を判定しガスをストップ，ガス給湯器を停止させる。これが不完全燃焼防止装置で，平成1年に国が義務化し，平成20年4月以降に製造された瞬間湯沸かし器は，3回連続で作動すると点火できなくなる再使用禁止機能（インターロック）が搭載されている。

■CO（一酸化炭素）濃度測定器

　不燃防の未装着機器（主に，開放式湯沸器，開放式ストーブ等）において，CO 中毒事故防止の対策に用いられる。

■CO 濃度測定方法

　排ガスサンプリングは，燃焼器を2分間以上燃焼させた後，サンプリング器具により，測定機器の状態に応じた位置および方法により行う。

　測定器によって操作方法が異なるので，それぞれの取扱説明書に基づいて行うが，測定は2回以上繰返し，数値が安定していることを確認する。平均値が表示されるものはそれを用い，そうでないものは最大値と最小値から平均値を算出する。表示は体積パーセント（vol%）とする。volppm 表示のものは，100 volppm＝0.01 vol% で換算する。

■CO濃度測定結果の判定基準（開放式湯沸器，開放式ストーブ）

基準値	とるべき措置（使用者への説明等）
0.015 vol%以下	・換気の励行を説明 ・燃焼器使用上の注意（長時間使用の禁止等）を説明
0.015 vol%超〜 0.08 vol%以下	・換気の励行を説明 ・燃焼器使用上の注意（長時間使用の禁止等）を説明 ・速やかに燃焼器の修理をすることを勧める ・不燃防装置を装着する燃焼器などへの取替えを勧める
0.08 vol%超	・燃焼器の使用禁止について説明 ・直ちに不燃防装置を装着する燃焼器などへの取替えを勧める

　実施に当たっては，燃焼器の使用者立会いを依頼し，状況を確認してもらうことが重要。測定終了後には，測定結果通知書を発行し，説明および説得が必要となる。また，判定基準に基づくラベルを燃焼器に貼り付ける。

■CO濃度測定器の保守管理

① 電池の交換
② ドレン抜きフィルタの交換
③ 吸引流量のチェック
④ スパン調整
⑤ 年1回のオーバーホール（分解点検）の実施
　それぞれの実施に当たっては，取扱説明書に従う。

第6節 ガス漏れ警報器(以下, 単に「警報器」とする)

■警報器設置義務のある施設・建物

地下室等 （特定地下室等および特定地下街等には, 集中監視型の警報器設置が義務付け）	① 一般地下室：個人住宅の地下室を除いたもの ② 特定地下街等：地下街（延べ面積が 1,000 m² 以上のものに限る。）又は建築物の地階（地下街の各階を除く。）で連続して地下道に面して設けられたものと当該地下道とを合わせたもの（延べ面積が 1,000 m² 以上で, 特定の用途に該当するものが存し, かつ, この建築物の地階の床面積の合計が 500 m² 以上のものに限る） ③ 特定地下室等：ガスを使用している地下階の床面積が「1,000 m² 以上」で, そのうち百貨店, 劇場, 映画館, 飲食店, ホテル, 病院, 福祉施設等の用途として地階で「500 m² 以上」を使用している建物
アパート, 病院, 学校等 （右に掲げる施設若しくは建築物又は地下室等で燃焼器具を使用する場合は, ガス漏れ警報器の設置が義務付け）	① 劇場, 映画館, 演芸場, 公会堂その他これに類する施設 ② キャバレー, ナイトクラブ, 遊技場その他これに類する施設 ③ 貸席及び料理飲食店 ④ 百貨店及びマーケット ⑤ 旅館, ホテル, 寄宿舎及び3世帯以上入居する共同住宅 ⑥ 病院, 診療所及び助産所 ⑦ 小学校, 中学校, 高等学校, 高等専門学校, 大学, 盲学校, ろう学校, 養護学校, 幼稚園及び各種学校 ⑧ 図書館, 博物館及び美術館 ⑨ 公衆浴場 ⑩ 駅及び船舶又は航空機の発着場（旅客の乗降又は待合いの用に供する建築物に限る） ⑪ 神社, 寺院, 教会その他これに類する施設 ⑫ 床面積の合計が 1000 m² 以上である事務所（前各号に掲げるものに該当するものを除く）

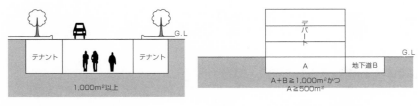

（1）地下街　　　　　　　　　（2）特定用途建築物および地下道

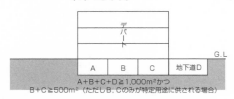

（3）特定複合用途建築物および地下道

特定地下街等

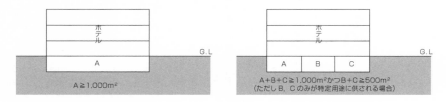

（4）特定用途建築物　　　　　　　（5）特定複合用途建築物

特定地下室等

■警報器の種類

一体型警報器	検知・警報の機能が同一ケースにまとめられている
分離型警報器	検知部と警報部が分かれており，これらがコードで接続されている
外部警報型警報器 （戸外ブザー連動型）	戸外ブザーのついているもの。室内部分は一体型警報器と同じになっている
集中監視型警報器	検知部と受信部，または，検知部，中継部，および，受信部から構成される

■警報器の選定例

場所等 ＼ 警報器種類	一体型	外部警報型（戸外ブザー連動型）	分離型	集中監視型 地下街等用	集中監視型 一般用
特定地下街等 特定地下室等				○	
その他の地下室		○		○	○
大規模アパート ホテル，飲食店		○		○	○
小規模アパート 旅館，飲食店	○	○			
学校，病院		○	○		○
風呂場，業務用厨房			○		
戸別住宅	○	○			

■警報器設置をしなくてもよい燃焼器

① 屋外設置のもの。

② 末端ガス栓（ヒューズガス栓，または，ねじガス栓など）と接続されている燃焼器であって，燃焼器に立ち消え安全装置が組み込まれているもの。

③ 常時設置されていないもの。ただし，特定用途の業務用施設で使用される燃焼器には，ガス漏れ警報器が必要。

④ 浴室内に設置されているもの。

■警報器センサのタイプ

半導体センサ（熱線型半導体式センサ）	一定の温度に加熱されたガス検知素子（酸化すずなど金属酸化物半導体）にLPガスが吸着されると電気伝導度が変化することを応用。ガス濃度の対数に比例して電圧が変化
接触燃焼式センサ（熱線式センサ）	予熱されたガス検知素子（触媒の付いた白金コイル）にガスが接触すると触媒作用で燃焼し，その温度上昇により電気抵抗が変化することを応用。ただし，この温度変化は極めて小さいので，周囲温度の影響を避けるため，図のように触媒を付けないものを比較できるようにした温度補償素子を組み込んだブリッジ回路を用いて検出

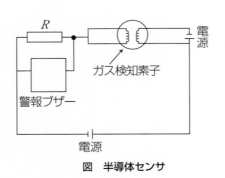

図　半導体センサ

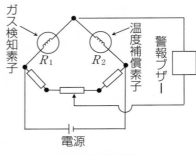

図　接触燃焼式センサ

■警報器の性能

警報濃度	警報ブザーが鳴り始める時の雰囲気中の LP ガス濃度。検定の基準は，イソブタンガスで 0.05% 以上 0.3% 以下（常温常湿で電源電圧 100 V）を合格としている。この濃度は LP ガスの爆発下限界濃度約 2.1% の 1/4 以下（詳しくは 1/100 以上 1/4 以下）で警報する主旨
耐久性能	家庭用警報器は，工業用と違って，日常は専門家の保守管理が期待できないので，通電および無通電の長期間の耐久性試験を行っている

■警報器の検定

第一検定（型式承認）	型式承認とは，仕様書レベルの内容を審査して承認すること
工場検査	工場での製造時に，必要な検査を実施
第二検定（個別検査）	型式承認済の警報器を，個別にその精度を試験する

【一体型警報器の検定合格証 PS マーク】
（緑地に金色の印字）

■警報器の設置上の注意（販売店従業員は基準を理解すること）

検知部等	①　一体型／集中監視型は次の位置に設置すること イ．燃焼器使用室の壁面で，容易に点検でき，通電表示灯のよく見える位置 ロ．検知部等から遠い燃焼器の外側面から検知部等までの水平距離が４ｍ以内で，床面から検知器等の上端までの高さが30 cm 以内の出来るだけ低い位置（移動式燃焼器も同様） ②　以下のイ～トまでの位置に設置しないこと イ．換気口の空気吹き出し口から 1.5 ｍ以内の位置，および出入口付近など外部の気流が流通する場所などで，漏洩したガスを有効に検知できない位置 ロ．通常使用状態で，周囲温度が著しく低温（－10℃以下）または高温（40℃以上）になる恐れのある場所 ハ．床面に 20 cm 以上の段差があり，低い床面に燃焼器が設置されている場合の，高い側の床面の位置 ニ．床面と検知器等の間に，棚板の障害物があり，漏洩したガスが検知器等に到達しにくい位置 ホ．通常使用状態で，水滴などが直接かかる位置，および，浴室など多湿の雰囲気となる位置（耐湿防滴構造の分離型検知部を除く） ヘ．通常使用状態で，検知部等が損傷されやすい位置 ト．燃焼器と検知部等の間に，厨房設備など漏洩したガスの流れを遮る障害物がある位置（当該設備に脚などがあって，かつ，床面と５ cm 以上のすき間が 80％以上にわたってあるものを除く）
戸外ブザー（一体型警報器と連動する警報部）	戸外ブザーは，次の位置に設置すること ①　燃焼器を設置する住宅または店舗の入口付近または共通廊下，踊場など第三者に警報できる場所で，雨水が直接かからない位置 ②　戸外ブザーは，床面からの高さが 1.5 ｍ以上 2.5 ｍ以下の位置であって，通電表示灯を容易に確認できる位置
中継部	集中監視型警報器の中継部は，次の位置に設置すること ①　容易に点検でき，かつ，表示灯のあるものにあっては表示灯を容易に確認できる位置 ②　検知部等の欄の②におけるロおよびホに掲げる以外の位置
受信部	集中監視型警報器の受信部は，次の位置に設置すること ①　当該建築物の保安状況を常時監視できる管理人室などであって，容易に受信部を点検できる位置 ②　受信部の通電表示灯，ガス漏れ表示灯，および，異常表示灯を容易に確認できる位置

■警報器を設置する LP ガス販売業者の行うべき事項

① 警報器に添付されている「取扱説明書・保証書」に販売店の名称・住所・電話番号を記載して消費者に渡すこと。

② 警報器を設置した時は，次のようなシールを見えやすい位置に貼る。

※ガス警報器を設置したとき必ずこのステッカーを貼って下さい。

③ 消費者から不具合の連絡があった時は，消費者宅に出向いてその原因を調査し，性能に問題がある時は，新品と交換するとともに，メーカーにその旨を連絡すること。

④ 警報器が鳴ったと連絡があった時は，直ちに必要器具を携えて消費者宅に急行し，ガス漏れの原因を調査して処置すること。

⑤ 消費設備調査の時は，警報器が正しく取り付けられていることを確認すること。交換期限の過ぎたものは，消費者に交換を要請すること。

⑥ 交換をスムーズに行うためには，リースによる設置が望ましい。

■警報器設置の際における，販売店から消費者に対する説明事項

① 日常において，警報器が正常に作動する状態にあることを示す電源ランプが点灯していることを確認すること。

② 警報器の電源プラグは，常にコンセントに差し込み，通電しておくこと。

③ 取扱説明書に示す方法で点検ガスを警報器検知部に吹き付けて，警報を

発することを確認すること。この時の音を覚えておくこと。

④　警報器の周囲にものを置かないこと。

⑤　警報器の取扱説明書・保証書は紛失しないように保存し，点検を受ける際には提示すること。

⑥　警報器に不具合が発生した時は，販売店に連絡すること。

⑦　万一，警報（ブザー，音声など）が鳴った時は次の処置をすること。

　1）全ての火を消し，ガス栓，容器バルブを閉じること。しかし，警報が続いていても電源プラグは抜かないこと。

　2）扉や窓を開いて換気すること。出入口の扉，掃出口など低い開口部を，それも2方向以上開くことが有効。換気扇や扇風機はスイッチ着火のおそれがあるので，使わないこと。

　3）警報が止まらなければ販売店に連絡すること。販売店係員が原因確認し，安全であることを確認するまで，ガスや電気を使わないこと。

　4）集合住宅の場合は，両隣，上下階にもガス漏れを知らせること。

■認定液化石油ガス販売事業者である場合の期限管理

　保安確保機器の一つとして，ガス漏れ警報器であって，その製造年月から5年間経過していないものを設置しなければならない。

第7節　不完全燃焼警報器

■不完全燃焼警報器（CO警報器）の種類／COとH₂を同時検知する

一体型警報器	検知と警報の機能が同一ケースにまとめられているもの
分離型警報器	検知部と警報部が分離されていて，それらがコード接続されているもの
複合型警報器	ガス漏れ警報器と不完全燃焼警報器を組み合わせたもの。LPガス検知部とCO検知部は別の位置にあるため，形は分離型

（注）LPガスが不完全燃焼すると，COとH₂が2：1の比率で発生する。

■不完全燃焼警報器の作動性能

一段目警報	CO濃度50 ppm超，250 ppm以下で換気注意報を発する
二段目警報	一段目警報を越えて550 ppm以下で警報音，信号を発する

（注）電池式のものにあっては，電池電圧低下警報試験において，72時間以上警報音を発すること。

■CO警報器の燃焼器使用室における設置上の注意

警報部	CO警報器鳴動時の表示などが容易に確認できる位置に設置
検知部	燃焼排ガスが滞留しやすい位置で，COガス検知部から一番遠い燃焼器のバーナの中心から水平距離4 m以内，天井面から下方30 cm以内の位置に設置する 設置してはならない場所は，以下の通り ①　燃焼器の真上，および，燃焼排ガス，湯気，油煙などが直接当たるおそれのある場所 ②　厨房設備，家具などのかげになり排ガスが流動しにくい場所 ③　給排気口などの付近で常時外気により排ガスが薄められるおそれのある場所 ④　周囲の温度または輻射によりCO警報器の外かくの温度が50℃以上，または，0℃以下になるおそれのある場所 ⑤　浴室（耐湿防滴構造のものを除く）

第8節　ガス漏れ警報遮断装置

■ガス漏れ警報遮断装置の役割

　ガス漏れを検知した時，警報器が 25~60 秒連続して鳴り続けると，警報部または制御部からの信号によって，自動的にガスの供給を停止する装置。検知部，制御部，遮断部から構成される。

■ガス漏れ警報遮断装置の機能

① 　遮断弁が閉じると，制御部のブザーがガス漏れ警報と違った音を出したり，あるいは，ランプが点滅したりする。

② 　警報器が鳴り止んでも遮断弁は自動的には開かない。開くには，ガス漏れのないことを確認して，手動で行う。

③ 　大部分の装置は，ガス使用中に停電になってもガスが使える。遮断弁への信号線が断線などの時には，制御部のブザーかランプで故障を知らせる。

④ 　技術上の基準が高圧ガス保安協会で制定されており，制御部については高圧ガス保安協会が，遮断部については，日本エルピーガス機器検査協会がそれぞれの技術基準に適合するかを厳重に検査して，合格すると合格証が貼られる。

第9節　対震自動ガス遮断器

■対震自動ガス遮断器の役割

　震度5以上の地震に際し，ガスの供給を自動遮断する。ガスメーターによる体積販売の場合，対震自動ガス遮断器の設置が義務付けられている。現在では，感震器内蔵のマイコンメーターSなどが主流となっている。

■対震自動ガス遮断器の構成

感震器	所定の振動を感知した際，遮断器または制御器に信号を送る。感知方式には，落球式，重錘磁石式，倒立振子式，水銀スイッチ式などがある
遮断器	感震器または制御器からの信号を得て，ガスを遮断。多くは，汎用の玉形弁構造になっている
制御器	感震器からの信号を受けて遮断器に遮断信号を送信する。遮断器内のセンサからの信号を得て復帰してもよいかを判断して表示するものもある
復帰安全機構	下流に所定以上のガス漏れがある場合に復帰できないようにする機構を持つ
復帰安全確認装置	対震自動ガス遮断器の直後に設置され，復帰に当たって下流にガス漏れがあることを確認できる装置

■対震自動ガス遮断器の種類

区分項目	区分される種類	
作動加速度	低加速度用	80ガル以上，150ガル未満
	高加速度用	150ガル以上，250ガル以下
使用圧力	低圧用，中圧用，高圧用	
構造	一体型（感震器と遮断器が一体），分離型	
呼び径	POLねじ，1/2〜2B（ねじまたはフランジ接続）	
作動方式	電気式，機械式	
復帰安全	復帰安全機構付，復帰安全確認装置付	

■対震自動ガス遮断器の選定で留意すべきこと

① 高圧ガス保安協会では，対震自動ガス遮断器の自主基準を制定している。また，耐震自動ガス遮断器（低圧用）は，液化石油ガス器具等（特定のものを除く）に政令指定されているので，器具省令およびKHK技術基準に基づく自主検査に合格し，PSマークが付されたものを使用する。

② 低加速度用は，業務用などの設備で常時多数の燃焼器を使用していて，地震時に火災等の危険性が高い場合に適する。

高加速度用は，震度5（おおよそ150ガル程度）以上の地震で遮断，雑振動の多い場所や家庭用などに適する。

③ 低圧用は，遮断器と燃焼器の設置位置が近接していて，作動後に消火までの時間が短いという利点あり。

高圧用は，上流部の配管の破損によるガス漏れ防止に効果があり，設置個数も少なくて済む利点がある。

④ 設置する建物の状態により，あるいは，感震器の固定が困難な場合，振動が増幅されるおそれがあり，誤作動の原因となることある。この場合，分離型を選定し，しっかり固定できる場所に感震器を設置する。

⑤ 復帰安全機構付は，遮断後下流の配管にガス漏れがある場合に復帰できない機能があるため，二次災害防止に有効。

復帰安全確認装置は，下流の配管のガス漏れを確認する装置で，通常時の点検にも利用できる。

⑥ 機械式は，電源・配線が不要で停電時でも有効だが，大口径の場合は遮断器の開閉に大きな動力源が必要になるので，一般的には小口径が用いられる。

⑦ 電気式のものは，停電時の作動や配線方法などについての考慮が必要。

第10節　ガス放出防止装置

■ガス放出防止装置（ガス放出防止器およびガス放出防止型高圧ホース）の目的

大規模地震，風水害，雪害などに際し，容器の転倒や供給管・配管の破損による多量のガス放出を防止する。

■ガス放出防止器の種類

張力式	容器の揺れ・転倒などによりガス放出防止器と壁面などを連結した鎖が60 N 以上120 N 以下で引張られた時，作動して遮断する。壁面は150 N 以上の引張荷重がかかっても金具が抜けない壁	
過流式	管の破損などにより所定流量以上のガスが流れた時，自動的に作動して遮断する。以下の種類がある	
	4.7 kg/h 用 （最大ガス消費量4.7 kg/h 以下用）	ガス放出防止器の入口圧力が 0.1 MPa の時，および，1.0 MPa の時，本体内部のガス流量が 5 kg/h 以上 9 kg/h 以下で作動してガス通路を遮断する
	7.5 kg/h 用 （最大ガス消費量7.5 kg/h 以下用）	ガス放出防止器の入口圧力が 0.1 MPa において，本体内部へのガス流量が 8 kg/h 以上 10 kg/h 以下の時，および，入口圧力が 1.0 MPa において，本体内部へのガス流量が 18 kg/h 以上 26 kg/h 以下の時，作動してガス通路を遮断する
	転倒遮断機能付 （最大ガス消費量7.5 kg/h 以下用）	過流式の機能の他に，容器が 70 度以上傾斜した場合，0.45 kg/h 以上のガスが流れていると作動してガス通路を遮断する機能を有する

■ガス放出防止型高圧ホースの種類

	高圧ホースの POL[1] 内部にガス放出防止機構が組み込まれたもので，以下の2種がある	
張力式	地震や落雷などで容器が転倒するなど，高圧ホースに所定の引張力が加わる場合に防止機構が作動してガスを遮断する	
渦流式	ヒューズガス栓のヒューズ機構と同様の構造になっており，配管の折損などにより大量のガス流出があるとガスを遮断する。遮断流量は，ガス放出防止器の 7.5 kg/h 用（高圧用）に相当する	

1）POL とは，プレストライトの略。特殊な形状の面を持ち，左ねじに継手により締め付けられるグランドジョイントで高圧ガスに用いられる結合のこと。

第11節 配管事故防止用安全装置

■配管事故防止用安全装置の種類（いずれも検知可能漏洩量は５L/h以下）

漏洩検知装置の種類		性能		管理方式
		作動条件	検知可能配管部	
流量検知式	マイコンメーター	漏洩を30日以下に設定された日数を連続して検知すると警報表示	ガスメーター以降末端ガス栓まで	2ヶ月に1回以上警報表示の有無を確認
	切替型漏洩検知装置		検知部以降末端ガス栓まで（ただし，戸別ガスメーター以降末端ガス栓までは戸別ガスメーターで検知）	
流量検知式圧力監視型漏洩検知装置		漏洩を30日以下に設定された日数を連続して検知すると警報表示（ただし，ガス停止中の圧力変動の記録ができるものを除く）		
圧力検知式	圧力監視型漏洩検知装置	遮断弁を閉じた後，漏洩を検知した時遮断状態を維持	遮断装置から末端ガス栓まで	2ヶ月に1回以上遮断試験などを行う
常時圧力検知式	マイコンメーターS，SB，E，EB，S4，E4	漏洩を30日以下に設定された日数を連続して検知すると警報表示	調整器出口から末端ガス栓まで	2ヶ月に1回以上警報表示の有無を確認

関係帳票は，いずれも1年間保管

問1. 検査機器に関する次のイ，ロ，ハ，ニの記述のうち正しいものはどれか。

イ．半導体式のガス検知器は，低濃度で高い感度があるため，主として微少漏洩箇所の発見のために用いられる。

ロ．パイプロケータは，埋設管の位置や深さを確認するために用いられる。

ハ．機械式自記圧力計は，機械的で精密な計器のため，測定中に配管内のガス温度に変動があっても，測定値が影響されることはない。

ニ．一酸化炭素濃度測定器は，主として密閉式燃焼器を対象として排ガス中の一酸化炭素濃度を測定するために用いられる。

   (1)　イ，ロ

   (2)　イ，ロ，ニ

   (3)　ロ，ハ

   (4)　ロ，ニ

   (5)　ロ，ハ，ニ

問2. 検査機器等に関する次の記述のうち，正しいものはどれか。

イ．ボーリングバーは，埋設管の漏洩試験において使用されるもので，埋設箇所の表土を貫孔する際に用いられる。

ロ．接触燃焼式ガス検知器の濃度の表示には，爆発上限界を100とし，0から100までを20等分した目盛が用いられる。

ハ．設置したガス漏れ警報器の電源プラグは，常にコンセントに差し込んで，通電しておくことが必要である。

ニ．不完全燃焼排ガスは，一般に空気よりも重く，床面近くに滞留することが多いので，不完全燃焼警報器は，床上30cm以内，燃焼器から水平距離で4m以内の場所に設置する。

   (1)　イ，ロ，ハ

   (2)　イ，ロ，ニ

   (3)　イ，ハ

   (4)　イ，ニ

   (5)　ロ，ハ

問3. 検査機器等に関し，次のイ，ロ，ハ，ニのうち，正しいものはどれか。

イ．ガス放出防止型高圧ホースには，張力式と過流式の2つのタイプがある。

ロ．ガス漏れ警報器は，通常の使用状態ではLPガスの爆発下限界の1/10以上で，1/2以下の範囲で警報が鳴るように設計される。

ハ．マイコンメーターSは，ガス使用中に震度3以上の地震を感知した場合に，ガスを遮断するように設計されている。

ニ．ガス漏れ警報遮断装置は，ガス漏れ警報器がガス漏洩を検知すると，瞬時にガス供給を遮断する。

　(1)　イ

　(2)　イ，ロ，ニ

　(3)　イ，ハ

　(4)　イ，ニ

　(5)　ロ，ハ，ニ

解答・解説

問1. 正解 (1) イ, ロ

解説

イ. （正）半導体式のガス検知器は，低濃度で高い感度があるため，主として微少漏洩箇所の発見のために用いられます。

ロ. （正）パイプロケータは，埋設管の位置や深さを確認するために用いられるものです。

ハ. （誤）機械式自記圧力計は，機械的で精密な計器であるとしても，測定中に配管内のガス温度に変動があれば，測定値が影響されることはありま**す**。

ニ. （誤）一酸化炭素濃度測定器は，主として密閉式燃焼器などではなく，不完全燃焼防止装置を備えていない燃焼器を対象として排ガス中の一酸化炭素濃度を測定するために用いられます。

問2. 正解 (3) イ, ハ

解説

イ. （正）ボーリングバーは，埋設管の漏洩試験において使用されるもので，埋設箇所の表土を貫孔する際に用いられます。

ロ. （誤）接触燃焼式ガス検知器の濃度の表示には，爆発上限界ではなくて，爆発下限界を 100 とし，0 から 100 までを 20 等分した目盛が用いられる。

ハ. （正）設置したガス漏れ警報器の電源プラグは，常にコンセントに差し込んで，通電しておくことが必要です。

ニ. （誤）不完全燃焼排ガスは，一般に空気よりも軽く，天井面付近にたまるので，不完全燃焼警報器は，天井面から下方に 30 cm 以内，燃焼器から水平距離で 4 m 以内の場所に設置します。

問3. 正解 (1) イ

解説

イ. （正）ガス放出防止型高圧ホースには，張力式と過流式の 2 タイプがあります。

ロ．　（誤）ガス漏れ警報器は，通常の使用状態ではLPガスの爆発下限界の
1/100以上で，1/4以下の範囲で警報が鳴るように設計されます。

ハ．　（誤）マイコンメーターSは，ガス使用中に震度3以上ではなく，震
度5以上の地震を感知した場合に，ガスを遮断するように設計されていま
す。

ニ．　（誤）ガス漏れ警報遮断装置は，ガス漏れ警報器がガス漏洩を検知する
と，瞬時ではなく，警報器が25~60秒連続して鳴り続ける場合に，ガス供
給を遮断するようになっています。

第6章
燃焼器と給排気

重要度A

ガスを燃やすときの
基本技術ってなんだろう?

この章の知識は
ボイラー技士や公害防止（大気）や
エネルギー管理士などとも
共通らしいですよ

第1節　LPガスの燃焼

■炭化水素の燃焼反応式（基本となる式）

$$C_mH_n + \left(m + \frac{n}{4} \right) O_2 \rightarrow mCO_2 + \frac{n}{2} H_2O$$

■燃焼反応式の説明

① $\left(m + \frac{n}{4} \right)$ は，炭化水素ガス C_mH_n の $1\,Nm^3$（標準状態 0℃ 1 気圧の体積）が燃焼するために理論上必要な酸素量（理論酸素量，あるいは，酸素当量 Nm^3/Nm^3）

② m は炭化水素ガス C_mH_n の $1\,Nm^3$ を燃焼させた場合に発生する二酸化炭素量

③ $\frac{n}{2}$ は炭化水素ガス C_mH_n の $1\,Nm^3$ を燃焼させた場合に発生する水蒸気量

①～③の量は，体積比でありモル比でもある。

■燃焼に必要な空気量

理論空気量	理論酸素量を与える空気量。多成分ガスの場合には，積算要
実際空気量	実際の燃焼（完全燃焼させる）には，理論空気量に加えて，空気を過剰に必要とする。実際の燃焼で供給する空気量をいう
過剰空気量	実際空気量から理論空気量を差し引いた空気量
空気比	実際空気量÷理論空気量
空気過剰率	過剰空気量÷理論空気量（＝ 空気比－１）

■理論空気量の計算例（あるLPガスの場合）

成分	A 1 Nm³ 中の 含有量 [Nm³]	B 酸素当量 [Nm³/Nm³]	A×B 酸素必要量 [Nm³]	理論空気量 [Nm³/Nm³] ただし, 空気中酸素濃 度を21%とする
C_2H_4	0.001	3.0	0.030	
C_3H_8	0.980	5.0	4.900	$4.995 \times \dfrac{100}{21} = 23.79$
C_4H_{10}	0.010	6.5	0.065	
計	1.000		4.995	23.79

■燃焼排ガス量

理論燃焼排ガス量		理論空気量で完全燃焼したと仮定した時の燃焼排ガス量
実際の燃焼 排ガス量	湿り燃焼排ガス量	過剰空気存在下での全燃焼排ガス量
	乾き燃焼排ガス量	湿り燃焼排ガス量から水蒸気と水分を除いた燃焼排ガス量

■理論燃焼排ガス量の計算例（あるLPガスの場合）

成分	A 1 Nm³ 中 の含有量 [Nm³]	理論燃焼排ガス量[Nm³]				
		CO_2		H_2O		N_2
		B 生成比	A×B 生成量	C 生成比	A×C 生成量	理論空気中の 窒素量
C_2H_4	0.001	2	0.020	2	0.020	
C_3H_8	0.980	3	2.940	4	3.920	$23.79 \times \dfrac{79}{100} = 18.794$
C_4H_{10}	0.010	4	0.040	5	0.050	
計	1.000		3.000		3.990	18.794
合計		25.784				
排ガス組成（vol%）		11.6		15.5		72.9

■過剰空気による湿り燃焼排ガス量の計算例（あるLPガスの場合）

成分	1 Nm³ 中の含有量 [Nm³]	湿り燃焼排ガス量 [Nm³]（過剰空気率 20% の時）			
		CO_2	H_2O	N_2	O_2
C_2H_4	0.001	0.020	0.020		
C_3H_8	0.980	2.940	3.920	$23.79 \times \dfrac{79}{100} \times 1.2$	$23.79 \times \dfrac{21}{100} \times 0.2$
C_4H_{10}	0.010	0.040	0.050		
計	1.000	3.000	3.990	22.553	0.999
合計		30.542			
排ガス組成（vol%）		9.8	13.1	73.8	3.3

■発熱量と比重

成分	A 1 Nm³ 中の含有量 [Nm³]	成分ガス		混合ガス	
		B 発熱量 [kJ/Nm³]	C 比重 （空気 = 1）	A×B 発熱量 [kJ]	A×C 比重
C_2H_4	0.001	62991	0.968	629	0.010
C_3H_8	0.980	99063	1.522	97082	1.492
C_4H_{10}	0.010	128482	2.006	1285	0.020
計	1.000			98996	1.522

■混合ガスの燃焼限界（爆発限界）

ル・シャトリエの式

$$L = \frac{100}{\dfrac{V_1}{L_1} + \dfrac{V_2}{L_2} + \dfrac{V_3}{L_3} + \cdot\cdot\cdot + \dfrac{V_n}{L_n}}$$

ここに，

L：混合ガスの燃焼限界（上限界，下限界とも）[vol%]

V_i：混合ガス中における i 成分の体積パーセント [vol%]

L_i：混合ガス中における i 成分の燃焼限界 [vol%]

ただし，$V_1 + V_2 + V_3 + \cdot\cdot\cdot + V_n = 100$

■ガスの燃焼方式の種類

ブンゼン燃焼	ガスがノズルから一定圧力で噴出し，その時の運動エネルギーで空気口から必要な空気の一部（一次空気）を吸い込み，混合管内部で混合して炎口から出て，炎の周囲の空気（二次空気）を取り込みながら燃焼する
セミブンゼン燃焼	ブンゼン燃焼と次項の全二次空気燃焼との中間（一次空気比率がブンゼン燃焼より低い，約40%以下）の方式
全二次空気燃焼	燃やすべきガスの全量をそのまま空気中に噴出させてする燃焼
全一次空気燃焼	燃やすべきガスの全量と燃焼に用いる空気の全量をあらかじめ混合管などの中で混合して，これを燃焼させる

　これらの他に，燃焼用空気を送風機によって強制的に供給するブラスト式（機械式）もあり，ブラストバーナを用いる。ブラスト式の一種で，最近実用化されている高温高圧条件での燃焼をするパルス燃焼という方式もある。これは，高効率でコンパクトな燃焼に特長がある。

■ガスの燃焼方式の特徴

		ブンゼン燃焼	セミブンゼン燃焼	全二次空気燃焼	全一次空気燃焼
必要空気	一次空気	40～70%	30～40%	0	100%
	二次空気	30～60%	60～70%	100%	0
炎の色		青緑	青	やや赤	セラミックスや金網の表面での燃焼
炎の長さ		短い	やや長い	長い	
炎の温度（約℃）		1300	1000	900	950

■不完全燃焼の原因の例（酸化反応が完結しないケース）

① 空気とガスの接触・混合が不十分な場合。

② 必要量の空気がない場合，あるいは，ガスの量が多すぎる場合。

③ 燃焼排ガスの排出がスムーズでない場合。

④ 火炎が低温のものに触れて，火炎温度が下がる場合。

⑤ その他。

■異常燃焼状態の種類

イエローチップ （赤黄炎）	炎の先端が赤黄色で燃えている現象。原因は一次空気の不足。赤黄色は炭素の色で，そのまますすとなって各所に付着する
リフティング	炎がバーナから異常に浮き上がって燃焼する現象。燃焼速度がガスの噴出速度に比してかなり小さい時に起こる。これがさらに過ぎると，炎が消えるブローオフ（吹消え）になる。 　リフティングの原因には次のようなものがある ①　ガスの圧力が高すぎる ②　一次空気が多すぎ，混合ガスが出すぎる ③　二次空気が少なすぎる ④　バーナ内の詰まりで，内圧が高くなりすぎる
フラッシュバック （逆火，バック）	火炎がバーナの内部に戻る現象。ガスの噴出速度に比して燃焼速度が過大になった時に起こる 　フラッシュバックの原因には次のようなものがある ①　ガス圧力の低下や，ガスラインの詰まり ②　バーナ部分が高温になって燃焼が加速される ③　バーナが古くなって腐食などで炎口が拡大し噴出速度が低下する

■安定火炎と異常火炎

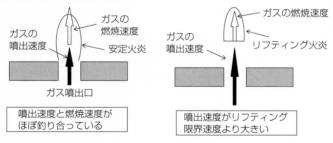

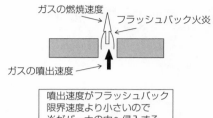

ガスの燃焼速度 → ← フラッシュバック火炎

ガスの噴出速度 →

噴出速度がフラッシュバック
限界速度より小さいので
炎がバーナの中へ侵入する

■ガスの燃焼特性図

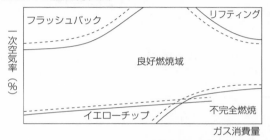

——— 燃焼速度が速いガス
------- 燃焼速度が遅いガス

図　ガスの燃焼特性図

第2節　家庭用LPガス燃焼器

■LPガス燃焼器に関する法律とその規定内容

関係する法律名	規定内容
① 液化石油ガス法（液化石油ガスの保安の確保及び取引の適正化に関する法律） ② 産業標準化法 ③ 電気用品安全法 ④ 水道法（および，市町村条例） ⑤ 消防法（および，市町村条例） ⑥ 建築基準法 ⑦ 特定ガス消費機器の設置工事の監督に関する法律 ⑧ 電気設備に関する技術基準を定める省令など ⑨ 消費生活用製品安全法	① 機器の性能（能力，効率，利便性） ② 機器の安全性（燃焼，防火，衛生） ③ 設置上の基準（安全性） ④ 設置工事の基準

■液化石油ガス法が義務づける検査

特定液化石油ガス器具等	登録検査機関（第三者検査機関）が行う適合性検査が義務づけられている。この検査に合格した者は技術基準適合表示（PSマーク）が付され，これのないものは販売または販売目的の陳列はできない
上記以外の液化石油ガス器具	上記義務は課されていないが，実際は，登録検査機関の検査を受けて販売されている

■液化石油ガス法政令指定品目（特定液化石油ガス器具等である燃焼器）

品目	適用範囲
液化石油ガスこんろ	液化石油ガスを充てんした容器が部品または附属品として取り付けられる構造のもの（カートリッジガスこんろ）。これは，簡易こんろ，または，カセットこんろともいい，組込型，分離型，直結型に分類される
液化石油ガス用瞬間湯沸器	液化石油ガスの消費量が70kW以下のものに限り，開放燃焼式のものおよび密閉燃焼式のものならびに屋外式のものを除く（開放式，密閉式の説明はp.139）

液化石油ガス用 バーナ付ふろがま	液化石油ガスの消費量が21 kW（専用の給湯器を有するものにあっては，91 kW）以下のものに限り，密閉燃焼式のものおよび屋外式のものを除く
ふろがま	液化石油ガス用バーナを使用することができ，かつ，液化石油ガス用バーナを使用した場合における液化石油ガスの消費量が21 kW以下である構造のものに限り，密閉燃焼式のものおよび屋外式のものならびに液化石油ガス用バーナを取り付けられているものを除く
液化石油ガス用 ふろバーナ	液化石油ガスの消費量が21 kW以下のものに限り，ふろがまに取り付けられているものを除く
液化石油ガス用 ストーブ	液化石油ガスの消費量が19 kW以下のものに限り，開放燃焼式のものおよび密閉燃焼式のものならびに屋外式のものを除く

p.58（調整器の選定）に記したように，kWからkg/hへの換算は，14.0で割ることとされている。

■液化石油ガス器具等（特定液化石油ガス器具等以外のもの）

品目	適用範囲
液化石油ガス こんろのうち一般 ガスこんろ	液化石油ガスの消費量の総和が14 kW（ガスオーブンを有するものにあっては21 kW）以下のものであって，こんろバーナ1個当たりの液化石油ガスの消費量が5.8 kW以下のもの（カートリッジガスこんろを除く）
液化石油ガス用 瞬間湯沸器	液化石油ガスの消費量が70 kW以下のものであって，開放燃焼式のものもしくは密閉燃焼式のものまたは屋外式のものに限る
液化石油ガス用 バーナ付ふろがま	液化石油ガスの消費量が21 kW（専用の給湯部を有するものにあっては91 kW）以下のものであって，密閉燃焼式のものまたは屋外式のものに限る
液化石油ガス用 ストーブ	液化石油ガスの消費量が19 kW以下のものであって，開放燃焼式のものもしくは密閉燃焼式のものまたは屋外式のものに限る

■産業標準化法（JIS 法）に規定される家庭用 LP ガス燃焼器

用途	機種	区分内容
暖房機器	ガスストーブ（ガスファンヒーター）	ガスの燃焼によって発生した熱を利用し，放射熱，対流熱によって部屋を暖める
冷暖房機器	ガスヒートポンプ冷暖房器（GHP）	ガスエンジンによって冷媒用コンプレッサーを駆動し，冷媒のヒートポンプサイクルによって冷暖房を行う
温水機器	ガス瞬間湯沸器	給水によりガス通路を開閉する機構を持ち，水が熱交換器で加熱される給湯専用機器
	ガス貯湯湯沸器	貯湯槽内に蓄えられた水を加熱し湯温によりガス通路を開閉し，貯湯部が密閉されて 0.1 MPa 以上の圧がかからず，伝熱面積が 4 m² 以下の給湯専用機器
	がすふろがま	浴槽内の水をガスの燃焼熱で直接循環加熱するもので，熱交換器とバーナを組み合わせて一体構成しているふろ部だけの機器，および，給湯機能を組み合わせた複合型の機器
調理機器	ガスこんろ	バーナの上に鍋などを支えて調理する機器
	ガスグリル	食品を主として直火で焼く機器
	ガスオーブン	食品を直火によらず放射熱および対流熱で調理する機器
	ガス炊飯器	米飯の炊き上がりを検知し，自動的にメインバーナを消火させる装置を備えた機器
	ガスグリル付こんろ	ガスグリルを備えたガスこんろ
	ガスレンジ	ガスオーブンとガスこんろ（グリル付こんろを含む）を組み合わせた機器
	ガスクッキングテーブル	ガスこんろ，ガスグリルなどの機器を備えたテーブル（食卓）
	その他の複合形調理器	ガスこんろ，ガスグリル，ガスオーブン，ガス炊飯器のいずれか二つ以上を組み合わせた機器
乾燥機器	ガス衣類乾燥機	洗濯した衣類を乾燥する機器であって，ガスの燃焼熱で加熱した空気を送風機で送風して乾燥する機器

■燃焼器に関する 8 つの JIS 規格（LP ガス，都市ガスをともに含む）

- ・JIS S 2092 家庭用ガス燃焼機器の構造通則
- ・JIS S 2093 家庭用ガス燃焼機器の試験方法
- ・JIS S 2103 家庭用ガス調理機器
- ・JIS S 2109 家庭用ガス温水機器
- ・JIS S 2112 家庭用ガス温水熱源機
- ・JIS S 2116 ガス常圧貯蔵湯沸器
- ・JIS S 2122 家庭用ガス暖房機器
- ・・JIS S 2130 家庭用ガス衣類乾燥機

■最近の JIS 改訂内容の主なポイント

- ・単位を SI 単位系に改訂
- ・ガス消費量は kg/h から kW に改訂
- ・温水機器で，比例制御方式に関する基準を追加
- ・調理機器では，各種の複合形のものも対象にされている
- ・一般家庭用調理機器のガス消費量の上限が引き上げられている
  こんろ 5.8 kW，グリル付こんろ 14 kW，オーブン 7 kW，レンジ 21 kW
- ・暖房機器の不完全燃焼防止装置の基準が新たに設けられた

■電気用品安全法（旧名，電気用品取締法）

　LP ガス燃焼器で対象となるものは，ガスストーブ（温風暖房機）のみだが，電気用品に指定された電気機器と組み合わせた LP ガス燃焼器（電気ジャー付ガス炊飯器，電子レンジ付ガスオーブンなど）も対象となる。

■各種安全装置の内容

安全装置	目的および概要	主な電子材料
立ち消え安全装置	点火時や再点火時の不点火，立ち消えなどによる生ガスの流出を防ぐ	熱電対フレームロッド
調理用過熱防止装置	鍋底の温度を検知し，調理油などが過熱した場合に，ガス通路を閉じる	サーミスタ
不完全燃焼防止装置	室内の酸素濃度低下，熱交換器のフィン詰まり，一次空気口のほこり詰まりなどによる不完全燃焼の際に，ガス通路を閉じる	熱電対フレームロッド

空だき安全装置	湯沸器やふろがまなどの空だき時に，機器損傷や火災の危険以前に空だきを防止	バイメタルサーミスタ
空だき防止装置	湯沸器やふろがまなどに水がない場合，ガス通路を開けずに，空だきを防止	ダイヤフラムマグネット水量センサ
過熱防止装置	機器本体の温度が過度の上昇や，火災などの危険が生じる以前にガス通路を閉じる	バイメタル温度ヒューズ
燃焼排ガス流出安全装置	逆風止め逃げ口から燃焼排ガスが流出した場合，自動的にガス通路を閉じる	バイメタル
過大風圧安全装置	排気筒内の圧力が上昇した場合，バーナの炎が不安定になる前にガス通路を閉じる	ダイヤフラム
風圧スイッチ	燃焼ブロワから送風されていることを検知し電気やガス回路を働かせるもので，燃焼ブロワ故障により生ずる過熱や爆発を防ぐ	ダイヤフラム
水圧自動ガス弁	水流を検知してガス通路を開き，断水などの場合に，ガス通路を閉じて空だきを防ぐ	ダイヤフラム

低膨張側
高膨張側

低膨張側
高膨張側

バイメタルとは二つの金属という意味で温度によって曲がったりまっすぐになったりするので，スイッチが入ったり切れたりするんだね

■各種燃焼器の安全装置

安全装置	瞬間湯沸器			ストーブ			バーナ付ふろがま		一般ガスこんろ
	開放式	半密閉式	密閉式または屋外式	開放式	半密閉式	密閉式または屋外式	半密閉式	密閉式または屋外式	
立ち消え安全装置	◎	◎	◎	◎	◎	◎	◎	◎	◎ 1)
調理用過熱防止装置	−	−	−	−	−	−	−	−	◎ 2)
不完全燃焼防止装置	◎	◎	○	◎	○	○	○	○	−
空だき安全装置	○	○	○	−	−	−	◎	○	−
空だき防止装置	○	○	○	−	−	−	◎	○	−
過熱防止装置	○	○	○	○	○	○	○	○	○ 3)
燃焼排ガス流出安全装置	−	○	−	−	○	−	○	−	−
過大風圧安全装置	−	○	−	−	○	−	○	−	−
風圧スイッチ	−	○	○	−	○	○	○	○	−
水圧自動ガス弁	○	○	○	−	−	−	○	○	−

◎液化石油ガス法で義務づけられているもの
○自主的に全機種，または，一部の機種に取り付けられているもの
半密閉式とは，室内給気で室外排気する方式のこと。密閉式とは、給排気ともに管を通じて室外とやりとりする方式。開放式は，排気を室内に放出するもの。
1）主として液化石油ガス法施行令第2条第1号に掲げる者が，業務の用に供するもの，不点火を防止する機能を有するものは装着免除
2）主として液化石油ガス法施行令第1条第1号に掲げる者が，業務の用に供するもの，卓上型一口ガスこんろは装着免除
3）グリル部に装着されているものもあり

■立ち消え安全装置の種類（ふろがま，湯沸器に設置義務）

熱電対式	器具栓つまみを押すとガスの弁が開き，そのまま点火位置までまわすことで，パイロットバーナにガスが流れると同時に圧電装置によるスパークでパイロットバーナに点火する。さらに押したまま（機器によるが）10秒程保持すると熱電対が熱せられて熱起電力が発生し，電磁石に磁力が生じてガス弁が開の位置に保持される。その後メインバーナ点火位置までつまみを回すとメインバーナにガスが流れて着火する
フレームロッド式（炎の棒の意）	炎の導電性と炎の整流性（炎は一定方向にしか電流を流さない／燃える方向にしか電子は流れない）を利用してパイロットの炎の検知を行う。炎の中にロッドを入れ，交流電圧をかけると，炎により直流電流が流れ，これを増幅してガス弁を開けるが，炎がなくなると電流が流れなくなり，ガス弁も閉になる

■不完全燃焼防止装置の種類（開放燃焼式瞬間湯沸器の場合）

逆起電力方式	立ち消え安全装置の熱電対と電磁弁を結ぶ回路に，メインバーナ着火時の熱交換器の温度上昇を検出するための補助熱電対を逆接続に組み込み，電磁弁保持電圧をあるレベルに保つ。酸素不足や熱交換器詰まり異常により，補助熱電対の起電力が増加するとともに，パイロットバーナ炎が変化し，主熱電対の起電力が低下するため，保持電圧が下がってガス通路を閉じる
起電力比較方式	酸素不足や熱交換器詰まり異常により，バーナの炎が伸びることで熱電対の熱起電力が低下することを電気的に検知してガス通路を閉じる
フレームロッド方式	燃焼火炎中にフレームロッドを挿入し，フレームロッドとバーナの間に交流電圧を印加すると整流された電流が流れる。酸素不足や熱交換器詰まり異常により，炎がリフティングしたり伸びたりするので，火炎形状変化により整流電流値が低下してガス通路を閉じる（立ち消え安全装置の方法と名が似ているので注意）

いずれの方式も不完全燃焼防止と立ち消え安全の機能を併せ持っている。

■不完全燃焼防止装置の種類（半密閉式／CF式ふろがまの場合）

雰囲気検知式 （上部給気式） （熱電対式）	給気中の酸素濃度低下によりバーナの炎がリフティングすると，炎の温度低下を熱電対が検知し，ガス通路を閉じる。（浴室内酸素濃度は上部から低下し始めるので，空気は上部から取り入れる）燃焼排ガスの逆流や熱交換器の詰まりなどによっても，ガス通路を閉じる
逆流検知式	逆風止めからの燃焼排ガスの逆流を検知し，その後一定時間（浴室内CO濃度が一定以上にならない時間）以上燃焼排ガスが逆流した場合に，バーナへのガス通路を閉じる

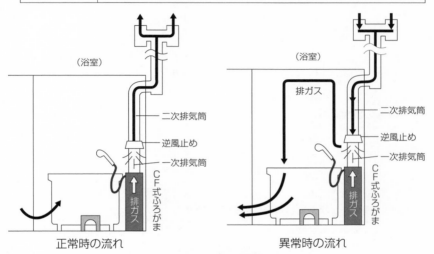

図　排ガスの逆流状況

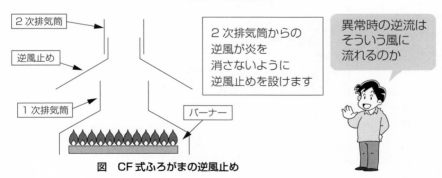

図　CF式ふろがまの逆風止め

第6章 燃焼器と給排気

■空だき安全（防止）装置（水を入れずに焚き，また水が抜けてしまった時等）

圧力スイッチ式	ダイヤフラムが水圧を感知してスイッチをオンにするが，水圧がない時に，スイッチをオフにする（この回路を立ち消え安全装置に組み込んでおく）
バイメタル式	ふろがまや湯沸器の熱交換器の異常温度上昇をバイメタルが検知して反転することで，熱電対式立ち消え安全装置の電気回路を切り，ガスを遮断する
流水スイッチ式（水流スイッチ式）	ふろがまの追いだき時に，強制対流用のポンプが回り水が流れると，水がバタフライ弁（蝶形の弁）を押し上げてリードスイッチ（リードは舌片の意）がオンになるが，水圧がなくなるとオフになることでガスを遮断する
温度ヒューズ式	炎あふれ（火炎が一時的に大きくなること）などにより，温度ヒューズ取付部の雰囲気温度が異常に上昇した場合，温度ヒューズが溶断して電気回路がオフになりガスを遮断する

■その他の安全装置

過熱防止装置	一般に，バイメタル式や温度ヒューズ式が用いられる。温度ヒューズ式では，感温ペレット（常温で固体，高温で液体になる物質）が通電を遮断して，回路をオフにする。
燃焼排ガス流出安全装置	バイメタル式により，燃焼排ガス流出を検知し，温度スイッチが作動して電気回路を遮断する
過大風圧安全装置	排気筒内の圧力上昇でダイヤフラムスイッチが作動し，電気回路を遮断してガス通路を閉じる
風圧スイッチ	通常はダイヤフラムで検知して，電気回路やガス回路を働かせるもので，送風を感知して作動する
温度制御機能付こんろ	200 V 電気こんろに対抗するためのガスこんろで次のような機能を持つ ① 焦げ付き消火機能：鍋底温度を感知しガス停止 ② 天ぷら油火災予防機能（調理油過熱防止装置，約 250℃ になると作動する） ③ 空だき防止機能 ④ こんろ消し忘れ防止タイマ ⑤ グリル消し忘れ防止タイマ ⑥ 立ち消え安全装置 ⑦ 誤操作防止機能

過圧防止安全装置	瞬間湯沸器などで給湯管内の圧力が一定以上に上昇した場合，その圧で安全弁が自動的に異常圧力を排出する
凍結予防装置	バイメタルで温度を感知して，電気ヒータを作動させる。電気ヒータには次の2種がある ① バンドヒータ式：水管にバンド状に巻くもの ② セラミックヒータ式：ニクロム線の周りにセラミックを被覆したもの

第3節 燃焼器の給排気

■プロパンおよびブタンの燃焼化学反応と酸素比および生成比（対ガスモル数）

成分	燃焼化学反応式	酸素当量	生成 CO_2	生成 H_2O
プロパン	$C_3H_8 + 5\,O_2 \rightarrow 3\,CO_2 + 4\,H_2O$	5	3	4
ブタン	$C_4H_{10} + 6.5\,O_2 \rightarrow 4\,CO_2 + 5\,H_2O$	6.5	4	5

■燃焼に必要な空気量と室内換気量

① LP ガスの燃焼には，理論空気量の 20~100% が必要

② 理論排ガス量は，一般に理論空気量の 1.1 倍程度

③ 建築基準法による酸素濃度低下幅の限界（許容限度）は 0.5%

④ 空気中酸素濃度は約 21% なので，③の条件を満たすためには，室内必要換気量は，理論排ガス量の約 40 倍となる。

［④の根拠］

室内換気量を V として立式する。

（室内への供給酸素量）＝（室内換気量）×（空気中酸素濃度）＝ $V \times 0.21$

（燃焼後の室内酸素量）＝（室内酸素濃度）×（室内換気量，つまり V）

③の条件から

（室内の許容低下酸素量）＝（許容酸素濃度低下幅）×（室内換気量）＝ $0.005\,V$

ここで，

（室内の許容低下酸素量）＝（室内への供給酸素量）－（燃焼後の室内酸素量）

これらを整理して，

$0.005\,V = 0.21\,V -$（室内酸素濃度）$\times V$

この式の右辺は，燃焼で消費した酸素量なので，理論空気量の 0.21 倍

それは，②により，理論排ガス量を 1.1 で割ったものに等しいので，

$0.005\,V = 0.21 \times$（理論空気量）$\div 0.21 \times$（理論排ガス量）$\div 1.1$

これより V を求めると，

$V = 0.21 \times$（理論排ガス量）$\div 1.1 \div 0.005 \fallingdotseq 40$（理論排ガス量）

■換気の程度

換気回数	1時間当たりで，部屋の空気が何回入れ替わるかという値
自然換気回数	機器によらない換気回数のことで，旧来の日本住宅では大きいが，洋風コンクリート住宅では小さい

■燃焼時間と燃焼排ガス濃度

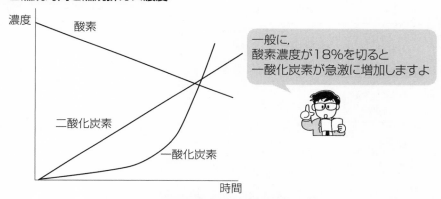

一般に，酸素濃度が18%を切ると一酸化炭素が急激に増加しますよ

図　時間の経過と燃焼排ガス濃度

■一酸化炭素中毒（CO 中毒）の症状

空気中 CO 濃度 （vol%）	吸入時間と中毒症状
0.02	25分〜1時間で軽い頭痛，1時間で頭痛や側頭部の脈動
0.03	15〜40分間で軽い頭痛，40分で頭痛や側頭部の脈動
0.06	5〜15分間で軽い頭痛，5〜25分間で頭痛や側頭部の脈動 25〜40分間で強い頭痛や吐気，40分で強い頭痛・嘔吐・失神
0.09	10〜15分間で頭痛，15〜25分間で強い頭痛・めまい・吐気 25〜40分間で激しい頭痛・嘔吐・失神，45分で失神，痙攣・昏睡
0.12	10〜20分間で強い頭痛や吐気，20〜30分で激しい頭痛・嘔吐・失神 30〜50分間で失神・痙攣・昏睡，50分で痙攣を伴う昏睡

0.15	10〜15分間で激しい頭痛・失神，15〜25分で失神・痙攣・昏睡 25〜50分間で痙攣を伴う昏睡，50分で呼吸不全そして死亡
0.18	5〜10分間で激しい頭痛・失神，10〜20分で失神・痙攣・昏睡 20〜40分間で痙攣を伴う昏睡，40分で呼吸不全そして死亡
0.5	4〜5分間で失神・痙攣・昏睡，5〜6分間で痙攣を伴う昏睡 6〜7分間で呼吸不全そして死亡，7分で急速な死亡

COはヘモグロビンとの結合の強さが酸素の200倍と言われている。

■酸素濃度と生理的症状

酸素濃度 （vol%）	生理的症状
21	正常空気，症状なし
18	安全限界，症状なし
16	頭痛，吐気，脈拍増加
12	筋力低下，めまい，（死につながる）
10	意識不明
8	8分で死亡
6	呼吸停止

■給排気方式の分類

給排気方式		区分内容	呼称	略号
開放式		屋内給気, 屋内排気	開放式	－
半密閉式	自然排気式	屋内給気, 排気は自然通気力で屋外へ（排気筒の有効断面積はふろがまの排気部のそれより小さくてはならない）	自然排気式	CF（Conventional Flue）
	強制排気式	屋内給気, 排気は強制的に送風機[1]で屋外へ	強制排気式	FE（Forced Flue）

		給排気筒を外気に接する壁を貫通して自然通風力で給排気する	バランス外壁式		BF-W(Balanced Flue-Wall)
密閉式	自然給排気式	給排気筒を専用給排気室(チャンバ)に接続し,自然通気力で給排気	バランスチャンバ式	BF	BF-C(Balanced Flue-Chamber)
		給排気筒を共用給排気筒(Uダクト[2],SEダクト[3]等)内に接続し,自然通風力で給排気	バランスダクト式		BF-D(Balanced Flue-Duct)
	強制給排気式	給排気筒を外気に接する壁を貫通して屋外に出し,送風機で給排気	強制給排気外壁式		FF-W(Forced draft Balanced Flue-Wall)
		給排気筒を専用給排気室に接続し,送風機で開放廊下に給排気	強制給排気チャンバ式	FF	FF-C(Forced draft Balanced Flue-Chamber)
		給排気筒を共用給排気筒内に接続し,送風機で給排気	強制給排気ダクト式		FF-D(Forced draft Balanced Flue-Duct)
屋外式		燃焼器を屋外に設置し,給排気を屋外で行う	屋外式		RF(Roof Top Flue)

1) ここでいう送風機は,液化石油ガス法では,排気扇といっている。
2) Uダクト:建物の屋上で給排気を行うダクト。
3) SEダクト:給気を建物の下部から採り,排気を建物の屋上から行うダクト。

■半密閉式燃焼器(CF式)の注意事項(規定)室内気吸引,排気筒で自然排気

① 排気筒材料には,耐熱性,耐食性が必要で,ステンレス鋼板 SUS 304 またはそれと同等以上のものを用いること。

② 排気筒の口径は,燃焼器の接続部口径より縮小しないこと。

③ 排気筒の横引き長さ(L)は,5 m を限度とする。曲がり数は 4 ヶ所以下。

④ 排気筒の高さ (h) が 10 m を超える場合は,保温措置をする。

⑤ 逆風止めの直上部の高さをできるだけ長くする。

⑥ 排気筒の高さの算式:次式の値以上とする。

$$h = \frac{0.5 + 0.4\,n + 0.1\,l}{\left(\dfrac{AV}{5.16\,W}\right)^2}$$

ここに，h：排気筒の高さ［m］

n：排気筒の曲がりの数

l：逆風止め開口部下端から排気筒の先端の開口部までの長さ［m］

AV：排気筒の有効断面積［cm²］

W：燃焼器の LP ガス消費量［kW］

（参考）$l = h + \mathrm{L}$ なので，この式を用いて変形すると次式となる。

$$h = \frac{0.5 + 0.4\,n + 0.1\,L}{\left(\dfrac{AV}{5.16\,W}\right)^2 - 0.1}$$

（この式の結果を簡便に見るための早見表もある）

表　ふろがまに係る排気筒の横引き長に対応する高さの早見表

$n = 2$ の場合　　　　　　　　　　　　　　　（太線内が高さ h の数値　単位 m）

W 〔kW〕	排気筒内径〔mm〕	0.30	0.60	0.90	1.20	1.50	1.80	2.10	2.40	2.70	3.00	摘要
						L〔m〕						
11	80	2.00		2.10		2.20		2.30			2.40	n が 1 増すごとに 70 cm を加算する
	90	1.20		1.30				1.40				同 40 cm を加算する
13	90	1.70		1.80		1.90		2.00		2.10		〃 50 〃
	100	1.10			1.20			1.30				〃 40 〃
16	100	1.70		1.80		1.90		2.00				〃 50 〃
	110	1.00	1.20			1.30				1.40		〃 40 〃
19	110	1.60	1.70			1.80		1.90		2.00		〃 50 〃
	120	1.00	1.20				1.30					〃 40 〃
30	120	3.10	3.20	3.30		3.40	3.50		3.60	3.70		〃 100 〃
	130	2.10	2.20		2.30		2.40		2.50		2.60	〃 70 〃
42	140	3.30	3.40	3.50	3.60		3.70	3.80	3.90		4.00	〃 100 〃
	150	2.40	2.50		2.60		2.70		2.80		2.90	〃 80 〃

表　湯沸器に係る排気筒の横引き長に対応する高さの早見表

n＝2の場合　　　　　　　　　　　　　　（太線内が高さ h の数値　単位 m）

W [kW]	排気筒内径 [mm]	L [m]										摘要
		0.30	0.60	0.90	1.20	1.50	1.80	2.10	2.40	2.70	3.00	
13	90	1.70	1.80			1.90			2.00		2.10	n が1増すごとに50cmを加算する
	100	1.10			1.20			1.30				同40cmを加算する
	110	0.70	0.80					0.90				〃 30 〃
16	100	1.70		1.80		1.90			2.00			〃 50 〃
	110	1.10	1.20			1.30				1.40		〃 40 〃
	120	0.80				0.90				1.00		〃 30 〃
19	110	1.60	1.70			1.80		1.80		2.00		〃 50 〃
	120	1.10	1.20				1.30					〃 40 〃
	180	0.80				0.90			1.00			〃 30 〃
22	120	1.50				1.70			1.80			〃 50 〃
	130	1.10			1.20			1.30				〃 40 〃
	140	1.80			0.90				1.00			〃 30 〃
27	130	1.70		1.80		1.90			2.00			〃 50 〃
	140	1.20	1.30			1.40				1.50		〃 40 〃
	150	0.90	1.00					1.10				〃 30 〃
30	140	1.50	1.60			1.70			1.80		1.90	〃 50 〃
	150	1.20				1.30				1.40		〃 40 〃
	160	0.90				1.00				1.10		〃 30 〃
42	160	1.80		1.90		2.00		21.0		2.20		〃 60 〃
	180	1.10			1.20			1.30				〃 40 〃
55	180	1.90	2.00		2.10		2.20			2.30		〃 60 〃
	200	1.20	1.30				1.40			1.50		〃 40 〃
70	200	2.10		2.20		2.30			2.40		2.50	〃 70 〃

■半密閉式燃焼器（FE式）の注意事項（規定）室内気吸引，排気筒＋排気扇

① 排気筒は，不燃性のもので，先端は屋外に出ていること。

② 排気筒トップの形状は，燃焼器の給気口から逆流しないよう風量を確保。

③ 排気扇：不燃性・耐食性，停止時にガス供給の自動停止，復帰後も未燃ガス放出のない構造であること。能力は，排気筒の抵抗および屋外の風圧より大で，理論排ガス量の2倍以上を排出できること。

④ 給気口の有効開口断面積は，排気筒の断面積以上のものであること。

■密閉式燃焼器（BF式）の注意事項（規定）室外気を自然給排気

Ⓐ　BF-W式（外壁設置）

① 給排気筒トップは，外気に面した場所に取り付けること。

② 給排気筒トップの出る外気空間は，気流の停滞しない開放された場所。

③ 周囲に建築物の突出部がないこと（給排気筒トップから 15 cm 以上離す）。

④ 燃焼器を外気に接した壁面に取り付ける場合，壁の厚さは規定の最大壁厚以内のものであること。

Ⓑ　BF-C式（共用片廊下における設置）

① 給気チャンバを構成する内部壁面は密閉すること。

② 給気チャンバには，ガスメーターおよび配管などを設置しないこと。

■密閉式燃焼器（FF式）の注意事項（規定）室外気を強制給排気

Ⓐ　直接背面給排気方式

① 給排気部または給排気部壁貫通スリーブ（筒状物のこと）は，外側に向かって下がり勾配に設置すること。

② 豪雪地帯では，積雪を考慮すること。

③ 隣接建物の窓に影響が出ないようにすること。

④ 給排気口トップと周囲の関係は，BF-W式と同様とする。

Ⓑ　延長給排気方式

① 給排気筒途中に凹部を作らないこと。

② 各機種の最大長さ，曲がりはメーカの指定内で工事すること。

③ 給排気筒の接続は確実に行うこと。

④ 給排気筒が点検できるような位置とすること。

⑤ 火災防止上，BF式燃焼器と同様の距離をとること。

■特定ガス消費機器（特監法[1] に規定）

① ガスふろがま

② ガス湯沸器

・ガス瞬間湯沸器（ガス消費量が 12 kW を超えるもの）

・貯湯湯沸器・常圧貯湯湯沸器（ガス消費量が 7 kW を超えるもの）

③ 上記①②の燃焼器の排気筒およびその排気筒に接続される排気扇

＊1）特定ガス消費機器の設置工事の監督に関する法律

■消防法

　燃焼器などを使用する器具の取扱いおよび火災予防について，市町村が定める火災防止条例により実施すると規定している。

■消費生活用製品安全法（消安法）

・死亡，身体欠損，一酸化炭素中毒などが生じた事故，火災などの重大な製品事故が発生した場合，製造事業者または輸入事業者は，国に事故報告をしなければならない（ガス瞬間湯沸器をはじめとするガス器具全般が対象）。

・長期使用に伴って生じる劣化（経年劣化）により安全上支障が生じ，特に危害を及ぼすおそれのある製品を特定保守製品として指定する「長期使用製品安全点検制度」が設けられている。

問 1. 燃焼に関する次のイ，ロ，ハ，ニの記述のうち，正しいものはどれか。

イ．LP ガスが完全燃焼した場合，生成燃焼ガスは水蒸気と一酸化炭素である。

ロ．ブンゼン燃焼とは，ガスがノズルから一定圧力で噴出し，その運動エネルギーで空気口から必要な空気の一部を吸い込み，混合管内部で混合して炎口から出て，炎の周囲の空気を取り込みながら燃焼することをいう。

ハ．ブンゼン燃焼では，一次空気が不足の時は，イエローチップの要因となる。

ニ．燃焼排ガスの排出が十分に行われない時も，不完全燃焼が起こりうる。

 (1) イ，ハ

 (2) イ，ニ

 (3) ロ，ハ

 (4) ロ，ニ

 (5) ロ，ハ，ニ

問 2. 燃焼に関する次のイ，ロ，ハ，ニの記述のうち，正しいものはどれか。

イ．ブンゼン燃焼において，リフティングは正常な燃焼状態と言える。

ロ．フラッシュバックは逆火とも言われ，炎がバーナ内に戻る現象で，炎口からのガス噴出速度よりも燃焼速度が遅くなった場合に起こる。

ハ．空気と燃焼ガスの混合が不十分な場合に，不完全燃焼が起こりやすい。

ニ．全二次空気式燃焼とは，ガスをそのまま大気中に噴出して燃焼させる方式で，燃焼に必要な空気は，すべて炎の周囲からの拡散によって供給される。

 (1) イ，ロ

 (2) イ，ロ，ニ

 (3) イ，ハ

 (4) イ，ニ

 (5) ハ，ニ

問 3. 安全装置に関する次のイ, ロ, ハ, ニのうち, 正しいものはどれか。

イ. 天ぷら油火災防止機能付こんろは, 天ぷら油が 350℃ 以上に達すると, 自動的にガスを遮断する機能を持っている。

ロ. 過熱防止装置の主な素子材料としては, バイメタルや温度ヒューズなどが用いられている。

ハ. 立ち消え安全装置は, 点火ミスや吹き消え等の場合の LP ガス流出を防ぐ。

ニ. 空だき安全装置は, ふろを空だきした場合に, ふろがまが損傷したり火災などの危険が生じたりする前にバーナへのガス供給を遮断する。

(1) イ, ロ, ハ
(2) イ, ロ, ニ
(3) イ, ハ
(4) イ, ニ
(5) ロ, ハ, ニ

解答・解説

問1. 正解 (5) ロ, ハ, ニ
解説

イ．（誤）LP ガスが完全燃焼した場合，生成する燃焼ガスは水蒸気に加えて，一酸化炭素ではなくて，二酸化炭素です。

ロ．（正）ブンゼン燃焼とは，ガスがノズルから一定圧力で噴出し，その運動エネルギーで空気口から必要な空気の一部（一次空気）を吸い込み，混合管内部で混合して炎口から出て，炎の周囲の空気（二次空気）を取り込みながら燃焼することをいいます。

ハ．（正）ブンゼン燃焼において，一次空気が不足の時は，イエローチップ（赤黄炎）の要因となります。

ニ．（正）燃焼排ガスの排出が十分に行われない時も，不完全燃焼がよく起こります。

問2. 正解 (5) ハ, ニ
解説

イ．（誤）ブンゼン燃焼において，リフティングは，炎がバーナから異常に浮き上がって燃焼する現象であって，正常な燃焼状態とは言えません。

ロ．（誤）記述は逆になっています。フラッシュバックは逆火とも言われ，炎がバーナ内に戻る現象で，炎口からのガス噴出速度よりも燃焼速度が速くなった場合に起こります。

ハ．（正）空気と燃焼ガスの混合不十分な場合，不完全燃焼が起こりやすいです。

ニ．（正）全二次空気式燃焼とは，ガスをそのまま大気中に噴出して燃焼させる方式で，燃焼に必要な空気はすべて炎の周囲からの拡散によって供給されます。

問3. 正解 (5) ロ, ハ, ニ
解説

イ．（誤）天ぷら油の発火温度（着火温度）は約 370℃ です。350℃ 以上で作動するようでは，かなり危険です。実際には約 250℃ になると作動する

ようにされています。

ロ．（正）過熱防止装置の主な素子材料としては，バイメタルや温度ヒューズなどが用いられています。

ハ．（正）立ち消え安全装置は，点火ミスや吹き消えなどの際のLPガスの流出を防ぎます。

ニ．（正）空だき安全装置は，ふろを空だきした場合に，ふろがまが損傷したり火災などの危険が生じたりるする前にバーナへのガス供給を遮断します。

第7章
ＬＰガス販売所

重要度C

第1節　液化石油ガス法の適用

■販売事業登録申請書の提出先・登録先

申請者の区分	申請書の提出先	登録先
一の都道府県の区域内にのみ販売所を設置して LP ガス販売事業を行おうとする者	当該販売所の所在地を管轄する都道府県知事	都道府県知事
一の経済産業局の管轄区域内であって，二以上の都道府県の区域内に販売所を設置して LP ガス販売事業を行おうとする者	当該販売所の所在地を管轄する産業保安監督部長	経済産業局長および産業保安監督部長
二以上の経済産業局の管轄区域内に販売所を設置して LP ガス販売事業を行おうとする者	経済産業大臣	経済産業大臣

（注）都道府県から権限移譲を受けた市町村や消防本部もある。

■液化石油ガス法の届出・許可・検査

項目	内容	提出先等
届出	登録後に申請時の届出事項を変更した場合	経済産業大臣，経済産業局長および産業保安監督部長または都道府県知事
許可	３トン以上の LP ガスを貯蔵するための貯蔵設備の新設や変更（消防長または消防署長の意見書を添える）	都道府県知事
完成検査	貯蔵設備の使用に先立って受ける	都道府県知事など

■販売所店舗に備えるべきもの

① 消費者宅の供給管および配管の気密試験に使用する器具または設備
② LP ガスの漏洩を検知するための器具または設備
③ CO 測定器
④ 緊急工具類
⑤ その他

■気密試験のための器具または設備（低圧部）

圧力発生器具または設備	一般には，8.4 kPa以上の圧力を発生できる手動式空気ポンプまたは手ふいご（二連球ポンプ）。もしくは，窒素ガスまたは二酸化炭素を充てんする容器から取り出して 8.4 kPa以上の圧力に減圧できる調整器
圧力測定器具	次のうちいずれか一つ ① 機械式自記圧力計：最低圧力 2.0 kPa以上，最高圧力 8.4~10 kPa以下の範囲の圧力を測定できるものであって，最小目盛単位が 0.2 kPa以下であるもの ② 電気式ダイヤフラム式自記圧力計：①と同等で，最小目盛単位が 0.02 kPa以下であるもの
専用継手管またはゴム管および継手金具類ならびに弁	いずれも 0.2 MPa以上の耐圧試験に合格するもの
漏洩検知液または石けん水	

■漏洩を検知するための器具または設備

① 漏洩の有無を検知するための器具：「気密試験のための器具または設備」に挙げた圧力測定器具に加えて，指針式圧力計およびマノメーター。

② やはり「気密試験のための器具または設備」に挙げた専用継手管またはゴム管および継手金具類ならびに弁。

③ 漏洩箇所を確認するための器具または設備。

　1）熱線式ガス検知器，半導体式ガス検知器など：検知可能な最低濃度は爆発下限界の 1/10以下であること。

　2）漏洩検知液または石けん水

　3）ボーリングバー

第2節　高圧ガス保安法の適用

■LP ガス販売

販売業者	LP ガス販売事業を開始しようとする者は営業開始日の 20 日前までに，関係書類を添えて，販売所ごとに販売所を管轄する都道府県知事に届け出なければならない
販売所	法令上備えるものとして，LP ガスの引渡先の保安状況を明記した台帳，気密試験用の器具などが規定されている。貯蔵設備を有する場合には，貯蔵の規準が適用される

第3節　貯蔵施設

■貯蔵施設が不要となる例

① 販売事業者がLPガス充てん事業者で充てん所の貯蔵施設を所有又は占有している場合。

② 販売事業者が第一種貯蔵所を所有又は占有している場合。

③ 一般消費者等へ販売する充てん容器等の保管，容器の引渡し及び引取りを次の者に全量委託している場合。

　ア．LPガス充てん事業者で充てん所の貯蔵施設を所有し，又は占有している者。

　イ．第一種貯蔵所を所有し，又は占有している者。

④ 販売事業者が一般消費者等へのLPガスの販売を全量バルク供給にしている場合。

⑤ 農業協同組合などの所有する貯蔵施設から，組合員の販売事業者が常に仕入れができる場合。

⑥ 近接して資本的結合のあるLPガス充てん事業者が所有し，又は占有する充てん所の貯蔵施設があり，常にLPガスの仕入れができる場合。

■貯蔵施設に掲げる警戒標に記すべき事項

① LPガス貯蔵施設

② 燃（赤色文字）

③ 火気厳禁（赤色文字）

■貯蔵施設の施設距離

第一種保安物件（病院，学校等）	次図・次表の l_1 以上の距離を有すること
第二種保安物件（一般住宅）	次図・次表の l_2 以上の距離を有すること

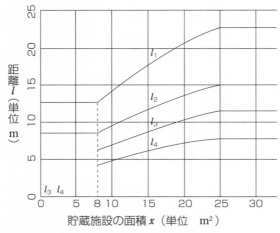

次の表のような数式などで表されるんだね

図　施設距離

（注1）　xは，貯蔵施設の面積（単位 m²）を表すものとする。

（注2）　l_1，l_2，l_3，およびl_4とxとの関係は，それぞれ次表のとおりとする。

表　施設距離

l ＼ x	$x < 8$	$8 \leqq x < 25$	$25 \leqq x$
l_1	$9\sqrt{2}$	$4.5\sqrt{x}$	22.5
l_2	$6\sqrt{2}$	$3\sqrt{x}$	15
l_3	0	$2.25\sqrt{x}$	11.25
l_4	0	$1.5\sqrt{x}$	7.5

■施設距離が保有できない場合の措置

　貯蔵施設と第一種または第二種保安物件との間に，次に示すものまたはこれと同等以上の強度を有する構造の障壁を設けることにより，次表の（イ）および（ロ）の距離のようにすることができる。

①　鉄筋コンクリート造りの場合：厚さ 12 cm 以上，高さ 1.8 m 以上

②　コンクリートブロックの場合：厚さ 15 cm 以上，高さ 1.8 m 以上

③　鋼板の場合：厚さ 6 cm 以上，高さ 1.8 m 以上

表　障壁を設けた場合の貯蔵施設と保安物件の距離

貯蔵施設の区分	貯蔵施設の外面から最も近い第一種保安物件までの距離	貯蔵施設の外面から最も近い第二種保安物件までの距離
貯蔵施設 （イ） （ロ）	l_1 以上 l_3 以上 l_1 未満	l_4 以上 l_2 未満 l_4 以上

（注）　l_1，l_2，l_3 および l_4 は，それぞれ前表に規定されている l_1，l_2，l_3 および l_4 を表わすものとする。

■貯蔵施設の屋根の構造

　不燃性または難燃性の材料を使用した軽量な屋根を設けること。その屋根は次の基準に適合すること。

①　屋根組は，材料に形鋼，軽量形鋼またはこれらと同等以上の強度を有する鋼材を使用し，その構造は，柱または障壁に堅固に取り付けた構造であること。

②　屋根材は，繊維強化セメント板，薄鉄板，アルミニウム板，繊維入り補強プラスチック（ポリエチレンを除く），網入りガラスまたはこれらと同等以上の強度および同一面積当たり同等以下の質量を有する軽量な材料であること。ただし，繊維入り補強プラスチック（ポリエチレンを除く）または網入りガラスを使用する場合にあっては，屋根総面積の1/4以下とし，明り採り以外の用途には使用しないこと。

■貯蔵施設にガスの滞留しない構造

　LPガスが漏洩した時に滞留しない構造とすること。その基準は以下の通り。

①　障壁などで囲まれている場合は換気口を設けること（四方を障壁などで囲まれている場合は，この換気口を2方向以上に分散して設けること）。

②　換気口は，床面に接し，外気に面して設けること。

③　換気口は，1ヶ所の面積を2400 cm² 以下とし，換気口の通風可能面積の合計は床面積1 m² につき300 cm²（金網などを取り付けた場合は，その太さによって減少する面積を差し引いた面積とする）の割合で計算した面積以上であること。

■貯蔵施設の電気設備（照明等）

　電気設備は，スパークなどが発火限とならないように留意する必要がある。設置する際は，防爆構造（耐圧防爆構造など）とすること。

第4節　消火器

■火災の種類

A 火災（普通火災）	木材や繊維製品などが燃える火災
B 火災（油火災）	ガソリンや灯油などの石油類が燃える火災，および，石炭，合成樹脂などが燃える火災
C 火災（電気火災）	変圧器，配電盤などの電気設備の火災。「C 火災」は法令用語ではない

■消火器表示の着色円の区分

白色円	A 火災
黄色円	B 火災
青色円	C 火災

■消火能力単位

・消火模型を用いた消火試験により決定される。
・数値が大きいほど，消火能力が大きい。
・電気火災には，能力単位表示はない（感電のおそれを表示するのみ）。
・A－10 という表示は，A 火災に適用され，消火能力単位 10 を意味する。

■消火の原理（4 要素または 4 因子）

燃焼の 4 因子	消火のための方法（1 因子以上を除くことが重要）
可燃物	可燃物の除去
酸素	酸素の希釈または遮断
熱（温度）	冷却
連鎖反応	連鎖反応の抑制

■消火薬剤による消火器の分類

水系	水	水（浸潤剤等入り），AC 火災用
		水[1]，AC 火災用
	酸・アルカリ[1]	
	強化液	アルカリ性，ABC 火災用
		中性，ABC 火災用
	化学泡，AB 火災用	
	機械泡	水成膜，AB 火災用
		界面活性剤，AB 火災用
ガス系	ハロン 1011[1]	蒸発性液体，ABC 火災用
	ハロン 2402[1]	
	ハロン 1211[1]	液化ガス系，ABC 火災用 （ただし，二酸化炭素は，BC 火災用）
	ハロン 1301[1]	
	二酸化炭素	
粉末系	粉末（Na）：炭酸水素ナトリウム[2]が主成分，白色着色，BC 火災用	
	粉末（K）：炭酸水素ナトリウムが主成分，紫色着色，BC 火災用	
	粉末（ABC）：りん酸アンモニウムが主成分，淡紅色着色，ABC 火災用	
	粉末（KU）：炭酸水素ナトリウムと尿素の反応生成物，ねずみ色着色，BC 火災用	

1）現在は製造されていないが，設置はされている。
2）重炭酸ナトリウム

■加圧方式による消火器の分類

加圧方式 消火器	蓄圧式	加圧式	
		反応式	ガス加圧式
水（浸潤剤入り）	○		
強化液	○		○
化学泡		○	
機械泡	○		○
ハロン 2402 [1]	○		
ハロン 1211 [1]	○		
ハロン 1301 [1]	○		
二酸化炭素	○		
粉末各種	○		○

1）現在は製造されていないが，設置はされている。

■貯蔵施設における消火設備

種類	粉末消火器，または，水系消火器（以下，粉末消火器等という）
性能	可搬性のものであって，能力単位 A−4 および B−10 以上
設置基準	①　設置すべき個数は，貯蔵施設の床面積 50 m² 当たり 1 個として算出した個数以上または 2 個のうち，いずれか大なる数とする ②　設置する場所は，貯蔵施設の位置に応じ，次のとおりとする イ）貯蔵施設が販売所と同一敷地内にある場合 　貯蔵施設から 15 m 以内にある見やすい場所に置く ロ）貯蔵施設が販売所と同一敷地内にない場合 　貯蔵施設の入口付近に設置するものとし，容器の出し入れを行う場合に当該作業を妨げず，かつ，容易に操作できる位置に置く

■消火器管理上の注意事項

①　定期的に点検および検査を行うこと。

②　異常を発見した場合は，直ちに修理（消火薬剤の詰替えおよび加圧用ガスの取替えを含む）をするか，新しいものと交換すること。

③　耐用年数を考慮して管理すること（消火器の耐用年数は 10 年）。

④　消火薬剤の詰替えなどを伴う点検整備は，乙種消防設備士第6類の免状の交付を受けている者に委託すること。

⑤　異常が発見されたものは使用しないこと（訓練でも使用しないこと）。

⑥　廃棄すべき消火器と判断されたものは，屋外などに放置することなく，容易に操作などが行われない安全な場所に保管すること。

■消火器点検・検査の内容

①　外観上の点検／6ヶ月ごとに次の項目について行う。

　イ）通行または避難に支障なく，かつ，消火薬剤の変質のおそれの少ない場所で，使用に際して容易に持ち出すことができる位置にあるか。

　ロ）消火器の設置個数，設置位置が消火器維持台帳記載事項と一致しているか。

　ハ）検査表に異常はないか。

　ニ）容器本体などに消火薬剤の漏れ，著しい変形，損傷，腐食，部品の脱落などがないか。

　ホ）安全装置および封印に異常はないか。

　ヘ）キャップの締付けが確実で（ゆるんでいると消火薬剤が固まっているおそれあり），かつ，変形，損傷がないか。

　ト）ノズル，ホースに変形，損傷，劣化などがないか，内部が詰まっている場合は機能検査を行うこと。また，本体容器とホースの緊結状態はどうか。

②　機能上の検査

蓄圧式粉末消火器（二酸化炭素消火器およびハロゲン化物消火器を除く）の機能上の検査は，製造年から5年を経過したものについて6ヶ月ごと，また，加圧式粉末消火器の機能上の検査は，製造年から3年を経過したもの（化学泡消火器は設置後1年経過したもの）について6ヶ月ごと，および，外観上の異常が認められたものについて実施すること。

2010年以前に製造された消火器は型式失効となり，2021年以降の設置は認められない（消火器とは認められなくなる）。また，2011年以降製造の消火器は，製造後10年を経過した後，耐圧性能試験（水圧試験）が義務付けられ，以降3年ごとに水圧試験が必要となる。

問 1. LP ガス販売所に関し，次のイ，ロ，ハ，ニのうち正しいものはどれか。

イ．高圧ガス保安法の適用を受ける LP ガス販売所は，貯蔵施設を設置することが義務づけられている。

ロ．貯蔵施設に設置する消火器は，二酸化炭素消火器であり能力単位は A－4 および B－10 以上とされている。

ハ．貯蔵施設の屋根材として，繊維強化セメント板を使用することは正しい。

ニ．貯蔵施設は，保安物件や火気までの距離が十分にあるので，屋根を設けることは必ずしも必要はない。

   (1) イ，ハ

   (2) イ，ニ

   (3) ロ，ハ

   (4) ハ

   (5) ハ，ニ

問 2. LP ガス販売所に関する次のイ，ロ，ハ，ニの記述のうち，正しいものはどれか。

イ．屋根材に薄鉄板を用い，屋根組に軽量形鋼を使用することは正しい。

ロ．粉末 ABC 消火器は，電気火災には使用できない。

ハ．貯蔵施設の外面から隣家までの保安距離が十分にとれないので，難燃性の繊維強化セメント板で貯蔵施設の周囲を囲うことは問題ない。

ニ．貯蔵施設の警戒標に記すべき文字の一つに，赤色の文字で明示する「燃」がある。

   (1) イ

   (2) イ，ロ

   (3) イ，ハ

   (4) イ，ニ

   (5) ロ，ハ，ニ

解答・解説

問1. 正解 (4) ハ

解説

イ. （誤）高圧ガス保安法の適用を受ける LP ガス販売所に，貯蔵施設を設置することは義務づけられていません。

ロ. （誤）貯蔵施設に設置する消火器は，二酸化炭素消火器ではなくて，粉末消火器等です。能力単位が A－4 および B－10 以上であることは正しいです。

ハ. （正）貯蔵施設の屋根材として，繊維強化セメント板を使用することは正しいです。

ニ. （誤）貯蔵施設は，保安物件や火気までの距離に関わらず，屋根を設ける必要があります。

問2. 正解 (1) イ

解説

イ. （正）屋根材に薄鉄板を用い，屋根組に軽量形鋼を使うことは正しいです。

ロ. （誤）粉末 ABC 消火器の C は，電気火災対応を意味します。粉末 ABC 消火器は電気火災にも対応できます。

ハ. （誤）貯蔵施設の外面から隣家までの保安距離が十分にとれない場合，鉄筋コンクリート障壁を設けます。

ニ. （誤）貯蔵施設の警戒標に記すべき文字の一つに，赤色の文字で明示する「焼」ではなくて，「燃」があります。

第 8 章
戸別供給方式と集団供給方式

重要度A

■供給方式の分類

戸別供給方式	家庭用あるいは業務用の一般消費者に戸別に容器などを設置して LP ガスを供給する方式	
集団供給方式	2 戸以上 69 戸以下の団地または 2 世帯住宅，アパート，中高層マンションなどの共同住宅に 1 箇所あるいは複数の貯蔵設備から供給管によって一般消費者に LP ガスを供給する方式	
	小規模集団供給方式	2 戸以上～10 戸以下一般消費者向け
	中規模集団供給方式	11 戸以上～69 戸以下一般消費者向け

（注）ここでいう共同住宅とは，アパート，マンションなどの集合住宅であって，同一建築物内に 3 世帯以上が入居する構造の建物（床面積および構造・資材を問わない）をいう。

第 1 節　戸別供給方式

■LP ガスの販売方法

販売方法	内　容	供給設備範囲	消費設備範囲
体積販売	ガスメーターを設置して計量法で定められた体積単位で販売する	ガス容器〜調整器〜供給管〜ガスメーター	ガスメーター以降の配管および燃焼器
質量販売	充てん容器を一般消費者等に直接引渡して販売する	なし	ガス容器〜調整器〜燃焼器

■家庭用 LP ガス設備の形態

容器 1 本立て設置	調整器が容器に直接取り付けられることが多く，ガスメーターから末端ガス栓までは鋼管などが用いられるが，容器の取替えの際に管や調整器に無理な力が加わらないようにするため，低圧ホースを用いて，調整器出口と配管とを接続する。ただ，ガス切れや交換時のガス中断のため，あまり普及していない
連結用高圧ホースを用いる容器 2 本立て設置	容器を 2 本設置して，容器と調整器入口を連結用高圧ホースで接続する。ガス切れを起こした場合，容器バルブを手動開閉して予備容器と使用済み容器を切り換える。ガス消費の中断なく容器交換ができ，予備容器を置くことで，配送の合理化にもなっている
自動切替式一体型調整器を用いる容器 2 本立て設置	前記方式の調整器を自動切替式一体型調整器にする方式で，連結用高圧ホースを用いることはない。LP ガスが減少すると自動的に容器切替えがなされ，ガス切れなく，切替のガス中断もなく，また，使用側容器の残液を極力減らすことができる

■ガス発生能力に影響する条件

　容器内の液状 LP ガスは，外気からの伝熱を蒸発熱としてガス化する。その程度は以下の条件によって影響される。

① 外気からの伝熱は容器の壁を通して入熱するので，大型容器より小型容器のほうがガス発生能力が小さく，また，（液状部の伝熱の方が気状部よ

り大きいので）同一の容器では，液量が少ないほど，ガス発生能力は小さくなる。

② 外気からの入熱は，外気との温度差に影響されるので，夏期のほうがガス発生能力は大きくなる。長期に渡って消費していない場合には，使用開始後の外気からの入熱は温度差が小さいので，蒸発熱は液状 LP ガスから奪うことになり，液の温度は低下することにより，時間とともに外気からの入熱が増加することになる。

③ LP ガスの組成，外気温度や湿度，容器周辺の通風状態によってもガス発生能力は影響を受ける。外気湿度が高い場合には，結露や着霜により伝熱が悪くなることがある。

■容器設置本数の算定法

消費量の扱い	計算式
kW のままの計算	最大ガス消費量（戸別）[kW] = 燃焼器の合計消費量 [kW] $容器設置本数 = \dfrac{最大ガス消費量（戸別）[kW]}{標準ガス発生能力 [kg/(h·本)] \times 14}$
kg/h に換算する計算	$最大ガス消費量（戸別）[kg/h] = \dfrac{燃焼器の合計消費量 [kW]}{14}$ $容器設置本数 = \dfrac{最大ガス消費量（戸別）[kg/h]}{標準ガス発生能力 [kg/(h·本)]}$

■調整器の調整圧力および燃焼器入口の供給圧力

調整器の調整圧力	2.3 kPa～3.3 kPa（単段式調整器） 2.55 kPa～3.3 kPa（自動切替式一体型調整器等[1]）
燃焼器入口の供給圧力	2.0 kPa～3.3 kPa
上記 2 圧力の許容圧力損失	0.3 kPa（単段式調整器） 0.55 kPa（自動切替式一体型調整器等）

1）自動切替式または二段式の一体型調整器のことを，このように記す。

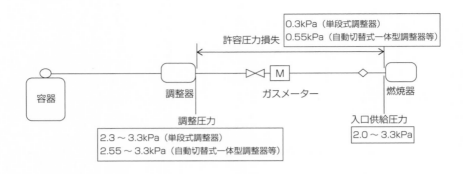

■液化石油ガス設備士でなければしてはならない作業

① 硬質管の寸法取り，または，ねじ切り作業。

② 硬質管相互を接続し（アーク溶接またはガス溶接の方法によるものを除く），もしくは，硬質管を取り外し，または，硬質管の取り外しのために硬質管を切断する作業。

③ 次に掲げる器具等と硬質管を接続し（(1)から(4)までに掲げる器具等と硬質管を接続する作業にあっては，同一型式の器具等の交換に係るものを除く），または，取り外す作業。

  (1) 気化装置   (2) 調整器   (3) ガスメーター

  (4) 自動ガス遮断装置   (5) バルブ   (6) ガス栓

④ 地盤面下に埋設する硬質管に腐食防止措置（電気防食措置を除く）を講ずる作業。

⑤ 気密試験の作業。

  ＊(注) LP ガスの供給契約の解除，住宅の建て替えなどにより，液化石油ガス法令に基づく技術上の基準に則り，適切に充てん容器等が撤去されている場合は，残存する調整器，ガスメーター，配管，ガス栓などの取り外しなどの作業は，液化石油ガス設備士以外の者が行うことを妨げないとされている。

■業務主任者の監督下で行いうる作業

① アーク溶接またはガス溶接による LP ガス設備に係る工事の作業。

② 同一型式の気化装置の交換作業（前項①の作業を伴わないもの）。

③ 同一型式の調整器の交換作業（前項①の作業を伴わないもの）。

④ 同一型式のガスメーターの交換作業（前項①の作業を伴わないもの）。

⑤ 同一型式の自動ガス遮断器の交換作業（前項①の作業を伴わないもの）。

⑥　地盤面下に埋設する硬質管の電気防食工事作業。

■配管等の気密試験の圧力保持所要時間

機械式自記圧力計		電気式ダイヤフラム式自記圧力計	
当該配管等の内容積	気密試験圧力保持所要時間	当該配管等の内容積	気密試験圧力保持所要時間
10 L 以下	5 分以上	10 L 以下	2 分以上
10 L を超え50 L 以下	10 分以上	10 L を超え50 L 以下	5 分以上
50 L を超えるもの	24 分以上	50 L を超えるもの	10 分以上

■記録および配管図面などの保存
①　販売事業者は，工事を行った特定液化石油ガス設備工事事業者から，気密試験の記録や完成図面などの写しを授受し保存する。
②　特定液化石油ガス設備工事事業者は，これらの書類（原図，原票）を5年間保存する。
③　販売事業者は，一般消費者に設備を引き渡す前に，特定液化石油ガス設備工事事業者が行う気密試験などに立会い，かつ，打合せどおりの施工がなされているかを，完成図書などをもとに現場確認することが望ましい。
　　＊（注）特定液化石油ガス設備工事事業者は，事業開始の日から 30 日以内に，その旨を都道府県知事に届け出なければならない。

■供給設備としての容器の基準（消費能力 1 トン未満の場合）
①　内容積が 20 L 以上の容器は，屋外に置くこと。ただし，内容積 25 L 未満の容器を寒冷地など告示で定められた地域で使用する場合は屋内に置いてもよい。
　　また，容器を置く位置から 2 m 以内にある火気をさえぎる措置を講ずる。
②　容器には腐食防止のための塗装を施しておくとともに，湿気，水滴などによる腐食の影響を防止するため，風通しのよい湿気の少ないところで，かつ，地盤面の水はけのよい場所を選ぶこと。なお，容器を直接地面に設

置すると容器底部やスカートに湿った土が付着して腐食するおそれがある
ため，平滑なコンクリート盤などを敷き，その上に容器を設置するなどの
注意を払う。

③　夏期においても，容器の温度を 40℃ 以下に保つため，直射日光に長時
間さらされるような場所は避けること。適当な場所が得られない場合は，
不燃性または難燃性の材料を使用した軽量な屋根を設けるなどの措置を講
ずること。また，日光以外の熱源によって当該容器が過熱されて 40℃ を
超えるおそれがある場合は，不燃性の隔壁を熱源と容器の間に設ける。

④　容器には，転落，転倒による衝撃を与えないよう，かつ，容器バルブに
損傷を与えないようにしなければならない。そのため，容器の設置場所と
しては水平な場所であって上から物（屋根からの雪など）の落ちるおそれ
のない場所であること。または，落下物を遮断できる強固な保護板を設け
ること。また，地震に際し転倒しないように 10 kg 型以上の容器は，鉄鎖
などで家屋その他の構築物に固定すること。

　　この場合，鎖等は，50 kg 型容器の場合は容器の底部から容器の高さの
3/4 程度の位置に取り付け，10 kg 型および 20 kg 型容器の場合にあって
は，容器のプロテクターの開口部に鎖等を通して取り付ける。なお，鎖を
2 本取り付けることにより一層容器の転倒防止効果が上がる。鎖等を 2 本
取り付ける場合は，2 本目の鎖等を容器の底部から容器の高さの 1/4 程度
の位置に取り付ける。また，家屋の壁と容器との隙間および鎖等のあそび
は極力少なくする。

⑤　容器は，一般消費者等の最大ガス消費量に適応する数量の LP ガスを発
生できるものであって，また，その設置場所の周辺は，容器の運搬，取付
け，取外しが安全に，かつ，効率よく行える広さであること

⑥　容器を設置する場合は，車道に面した場所は避けること。やむを得ず設
置する時は，車両との接触防止などの防護措置を講ずること。

■調整器の設置基準

①　業務用のものを除き原則として最大ガス消費量の 1.5 倍以上の容量のも
のを標準として選定すること。なお，30 kg/h 以下のものについては自主
検査に合格したものを使用すること。

②　調整器は，使用上支障のある腐食，割れ，ねじのゆるみなどの欠陥のな
いもので，LP ガス用のものを使用すること。

③ 生活の用に供するものの調整圧力は，以下のようにすること。

単段式	2.3~3.3 kPa
自動切替式一体型	2.55~3.3 kPa

また，閉そく圧力は，いずれも 3.5 kPa 以下のものであること。

■供給管および集合装置の基準
① 供給管および集合装置は，腐食防止措置を講ずるとともに，使用上支障のある割れなどの欠陥のないものであること。
② 供給管および集合装置の強度は，次の圧力による耐圧試験に合格するものであること。

高圧部分	容器から調整器（二段式二次側を除く）までの間	2.6 MPa 以上
低圧部分	調整器（二段式一次側を除く）からガスメーターの間	0.8 MPa 以上

③ 生活の用に供する場合の供給管工事では，燃焼器入口において LP ガスの供給圧力が 2.0~3.3 kPa になるように管径（ガスメーター，継手などを含む）を考慮しなければならない。
④ 調整器とガスメーターの間の供給管は，新設または変更の工事が終了後，次の圧力による気密試験に合格するものであること。

中圧部分	二段式一次側調整器と二次側調整器の間	0.15 MPa 以上
低圧部分	中圧部分以外の部分	8.4 kPa 以上

⑤ 供給管は，漏洩試験に合格するものであること。
⑥ LP ガスの供給を中断しないで容器交換のできる設備にする場合は，自動切替式調整器または連結用高圧ホースなどを設けること。
⑦ 容器と集合管を接続する場合は，自主検査に合格した高圧ホースなどを使用すること。
⑧ 供給管の材料の選定にあたっては，配管材料の規定を確認すること。

■消費設備の設置基準

① 固定式燃焼器が設置されている場合は，燃焼器をねじで接続する。また，燃焼器が設置されていない場合は，末端ガス栓に必ず金属製の栓を施すこと。

② 床下，物かげなどの見えない部分の配管は，万一，ガス漏洩を生じた場合に発見しにくく，修理にも困難が伴うので，できるだけ少なくすること。

③ 配管には，設置場所により所定の材料を用いること。

④ 配管は，できるだけ可撓性を持たせた工法を採用すること。

⑤ 配管は，炉，排気筒などの熱を発生する場所からは30 cm以上離すか，防熱板などで保護すること。

⑥ 露出している低圧屋内電気配線からは10 cm以上離すこと。ただし，絶縁性の隔壁を取り付けた場合，または，屋内配線を十分な長さのガイシ管もしくは規格に合格した塩化ビニル管に収めて敷設してある場合はこの限りでない。

⑦ 配管，ガス栓，ゴム管などは使用上支障のある腐食，割れ，ひびなどの欠陥がないものであること。

⑧ 配管は0.8 MPa以上の圧力で行う耐圧試験に合格するものであること。

⑨ 配管（生活の用に供するもの）は，燃焼器入口においてLPガスの圧力が2.0〜3.3 kPaになるように工事すること。

⑩ 配管は，新設または変更の工事の終了後に8.4 kPa以上の圧力で行う気密試験に合格するものであること。

⑪ 配管は，漏洩試験に合格するものであること。

⑫ 末端ガス栓と移動式燃焼器をゴム管で接続した箇所は，ホースバンドで締め付けておくこと。使用していない末端ガス栓には，誤開放による事故を防止するため，専用のゴムキャップ（LIA合格品）を取り付けてホースバンドで固定するか，ガス栓のつまみを回せないようにガス栓カバーを取り付ける。

⑬ 配管を埋設する場合の腐食防止対策は，所定の方法によること。

■業務用LPガス設備の最大ガス消費量算定式

最大ガス消費量（業務用）[kW] ＝ 燃焼器の合計消費量[kW] × 同時使用率

■業種別同時使用率（燃焼器の使用状況が明らかでない場合）

店舗の種類	燃焼器が決定している店舗の同時使用率（%）
喫茶類	70
レストラン・和食	80
中華	90

■燃焼器が決定していない場合の標準ガス消費量

店舗の種類	床面積当たりの標準ガス消費量［kW/m²］
喫茶類	0.5〜0.8
レストラン・和食	1.0〜1.3
中華	1.8〜2.1

■同一の燃焼器が複数個設置される場合の設置台数と同時使用率

機器数（個） ＼ 同時使用率	給湯室の給湯器・湯沸器・その他の機器	手洗用の湯沸器	旅館・ホテルの客室の暖房器
1〜5	100（%）	100（%）	100（%）
6〜10	70（%）	70（%）	95（%）
11〜15	60（%）	50（%）	80（%）
16〜20	55（%）	30（%）	78（%）
21〜	55（%）	30（%）	75（%）
備考		病院，診療所の患者用のテーブルこんろは，この数値による	病院，診療所の医療機器，学校の実験室，工作室，体育館等の特別教室で使用する燃焼器については，この数値による

■業務用の場合の容器設置本数あるいは気化能力の決定

方式	算定式
自然気化方式	最大ガス消費量（業務）[kW] ＝ 同時に使用する燃焼器の合計消費量［kW］ 容器設置本数 ＝ $\dfrac{最大ガス消費量（業務）[kW]}{標準ガス発生能力[kg/(h \cdot 本)] \times 14}$
強制気化方式	容器設置本数 ＝ $\dfrac{最大ガス消費量（業務）[kW] \times 1日当たり消費時間[h/日] \times 容器交換周期}{容器1本当たり充てん質量[kg/本] \times 14}$ 強制気化器の能力 [kg/h] ＝ $\dfrac{最大ガス消費量（業務）[kW] \times 1.2}{14}$

（注）強制気化方式では，最大ガス消費量の120％以上のものを用いる。

第2節　集団供給方式

■集団供給方式におけるガス供給設備（各戸にガスメーター設置）

小規模集団供給方式 （2戸以上10戸以下）	貯蔵設備として50kg型容器を設置する自然気化方式の低圧供給方式を用い，自動切替式調整器を用いるのが一般的 貯蔵設備にバルク貯槽を設置する場合は，あらかじめ想定した残液量の際のガス発生能力が，最大ガス消費量に対応しうるものを選定する
中規模集団供給方式 （11戸以上69戸以下）	貯蔵設備に50kg型容器を使用側および予備側ともに同本数を設置した自然気化方式の低圧供給方式，および，蒸発器（気化装置）を設置した強制気化方式（500kg型容器の場合もある）の低圧供給方式があり，自然気化方式の供給設備には自動切替式調整器を設置し，強制気化方式供給設備には液自動切替装置などを装備したものを設置する 貯蔵設備にバルク貯槽を設置する自然気化方式の低圧供給方式の場合は，あらかじめ想定した残液量の時のガス発生能力が一般消費者等の最大ガス消費量に対応しうるものを選定する。埋設管が敷設されている場合は，腐食とガス漏洩について特に注意
中高層共同住宅の 集団供給方式	通常はパイプシャフト（配管の通り道）内に敷設した供給管により最上階までの全戸数の一般消費者に適切な圧力でLPガスを供給する LPガス比重は空気の1.5～1.7倍程度で，摩擦や高さによる圧力損失が無視できない 立上がり管の圧力損失は高さ1m当たり約7.8Paで，低圧供給方式では最上階の最低燃焼器入口圧力2.0kPaを確保できなくなるおそれがある。支障のある場合は，中圧供給方式が望ましい。中圧供給方式では，自動切替式分離型調整器を大元に設け，建物の各階または各戸ごとに二段式二次用調整器を設置する

■貯蔵設備の分類

容器による3トン未満の貯蔵設備	液化石油ガス法の適用を受ける集団供給方式の貯蔵設備は，大部分が50kg型容器による3トン未満のものである
容器による3トン以上の貯蔵設備	容器による3トン以上の貯蔵設備は，「特定供給設備」としての規制を受ける

■ガス消費に係る用語

ピーク時	1日のうちガス消費が多い連続した時間帯（通常数時間）
最大ピーク時	ピーク時のうち，最大値を示す1時間をいう
平均ガス消費量（ピーク時平均流量）	1時間当たりのガス消費量が，1日のガス消費量のおおむね8%以上である時間帯の平均ガス消費量をいう
最大ガス消費量（ピーク時最大ガス流量）	ガス消費量が年間を通じて起こりうる最大のガス消費量
同時使用率（最大ガス消費率）	燃焼器を同時に使用する割合を示すもので，次のようなものがある ・燃焼器設置台数の多い家庭における住戸用同時使用率 ・業務用における業種別同時使用率 ・集団供給における住戸の同時使用率

■1戸当たりの年間最大ピーク月の推定ガス消費量

ガスの消費状況	1月当たり推定ガス消費量 [kg／（戸・月）]	1日当たり平均ガス消費量 [kW／（戸・日）]
大型消費	71〜80	37.3
	61〜70	32.7
	51〜60	28.0
普通消費	41〜50	23.3
少量消費	31〜40	18.7
	30以下	14.0

■戸数別最大ガス消費率のデータ

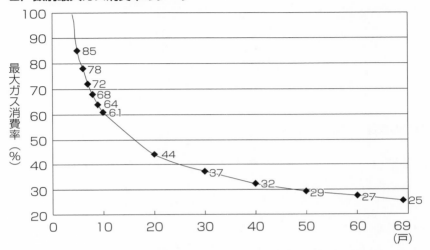

（注）計算で求める場合には，$K = 178\,C^{-0.4628}$ で求める。K：最大ガス消費率，C：戸数

■最大ガス消費量（集団）の算定式

　　最大ガス消費量（集団）[kW] ＝ 1 戸当たり・1 日の平均ガス消費量[kW] ×
　　　　　　　　　　　　　　消費者戸数×最大ガス消費率

■容器の大きさと設置本数

　集団供給方式では，一般に 50 kg 型容器による自然気化方式が採用されている。その場合の設定について以下のようにする。

① 　調整器は LP ガス供給に支障をきたさないよう，自動切替式調整器とし，50 kg 型容器は使用側と予備側に同本数ずつに設置する。

② 　50 kg 型容器の 1 本当たりの標準ガス発生能力は，所定の値を標準とする。

③ 　1 系列方式の小規模集団供給方式での容器設置本数は，最大ガス消費量（集団）に 1.1 倍の安全率を掛けて求める。

　　　2 系列方式小規模集団供給方式および 2 系列方式中規模集団供給方式の片側容器設置本数は，最大ガス消費量（集団）の 70% に 1.1 倍の安全率を掛けて求める。

④ 　LP ガスを供給する消費者戸数とピーク時間の関係は次表を参照する。

・消費者戸数とピーク時間の推定値

消費者戸数	ピーク時間	消費者戸数	ピーク時間
2	1.0	15～30	3.0
3～7	1.5	31～50	4.0
8～14	2.0	51～69	5.0

■容器設置本数の算定式

小規模集団供給方式	1 系列	容器設置本数(本) = $\dfrac{\text{最大ガス消費量(集団)}[kW] \times 1.1}{\text{標準ガス発生能力}[kg/(h \cdot 本)] \times 14}$
	2 系列	容器設置本数(本) = $\dfrac{\text{最大ガス消費量(集団)}[kW] \times 0.7 \times 1.1}{\text{標準ガス発生能力}[kg/(h \cdot 本)] \times 14}$
中規模集団供給方式	原則2 系列	容器設置本数(本) = $\dfrac{\text{最大ガス消費量(集団)}[kW] \times 0.7 \times 1.1}{\text{標準ガス発生能力}[kg/(h \cdot 本)] \times 14}$

■保安物件に対して取るべき距離（貯蔵能力３トン未満の貯蔵設備）

LP ガスの貯蔵能力	保安物件に対する距離			
	第一種保安物件		第二種保安物件	
	障壁なし	障壁あり	障壁なし	障壁あり
１トン未満	0 m 以上	0 m 以上	0 m 以上	0 m 以上
１トン以上３トン未満	16.97 m 以上	0 m 以上	11.31 m 以上	0 m 以上

■障壁の構造の基準（貯蔵能力１トン以上３トン未満の貯蔵設備）

鉄筋コンクリート製	直径９mm 以上の鉄筋を縦横 40 cm 以下の間隔に配筋し，特に隅部を確実に結束した厚さ 12 cm 以上，高さ 1.8 m 以上のものであって，堅固な基礎上に構築され，かつ，対象物を有効に保護できる構造のもの
コンクリートブロック製	直径９mm 以上の鉄筋を縦横 40 cm 以下の間隔に配筋し，特に隅部を確実に結束し，かつ，ブロックの空洞部にコンクリートモルタルを充てんした厚さ 15 cm 以上，高さ 1.8 m 以上のものであって，堅固な基礎上に構築され，かつ対象物を有効に保護できる構造のもの
鋼板製	厚さ 3.2 mm 以上の鋼板にあっては縦横 40 cm 以下の間隔に，厚さ６mm 以上の鋼板にあっては縦横 1.8 m 以上の間隔に，それぞれ 30 mm×30 mm 以上の等辺山形鋼を溶接で取り付けて補強した高さ 1.8 m 以上の障壁であって，堅固な基礎上に構築され，かつ対象物を有効に保護できる構造のもの

（注）貯蔵能力１トン未満の貯槽および特定供給設備の貯槽およびバルク貯槽に設置する障壁の高さは，２m 以上とする。

■その他，貯蔵設備の設置基準

火気を扱う施設に対する距離	貯蔵設備の外面から火気（貯蔵設備に付随する気化装置内のものを除く）を扱う施設に対し５m 以上の距離を有すること。５m が保有できない時は，貯蔵設備と火気を扱う施設との間に貯蔵設備から漏洩したガスが火気を扱う施設に流動することを防止する措置として，高さ２m 以上の耐火性の壁類を設け，それらの間に，迂回水平距離５m 以上をとること
LP ガスが滞留しない措置	LP ガスが漏洩した時，滞留しないような措置を講じなければならない。通常，容器室は四方を障壁などで囲まれているが，この場合には床面に接し，外気に面して設けられた換気口を２方向以上に分散して設けること。１ヶ所の換気口の面積は 2400 cm² 以下とし，容器室の床面積１m² につき 300 cm²（金網などを取り付けた場合は，その太さによって減少する面積を差し引いた面積とする）の割合で計算した面積以上でなければならない

さく，へい等の設置	貯蔵設備（販売所内に設置されているものは除く）には，さく，へい等を設けること
警戒標	出入口の近くまたは近接場所，もしくは，立ち入ることのできる場所の周辺の外部から見えやすい場所に警戒標を設けること
消火器の設置	可搬性のものであって，能力単位 A－4 および B－10 以上の粉末消火器（粉末 ABC 消火器の 15 型以上のものを用いれば 1 個で両方の能力を有する）を，LP ガスの貯蔵能力 1 トンにつき 1 個以上の割合で設置すること
屋根の構造	不燃性または難燃性の材料を使用した軽量な屋根，または，遮へい板を設けること。その材料は次のものを使用 ① 屋根組は，材料に形鋼，軽量形鋼またはこれらと同等以上の強度を有する鋼材を使用し，その構造は柱または障壁に堅固に取り付けたものであること ② 屋根材は，繊維強化セメント板，薄鉄板，アルミニウム板，繊維入り補強プラスチック（ポリエチレンを除く），網入りガラスまたはこれらと同等以上の強度および同一面積当たり同等以下の質量を有する軽量な材料であること。ただし，繊維入り補強プラスチック（ポリエチレンを除く）または網入りガラスを使用する場合にあっては，屋根総面積の 1/4 以下とし，明かり採り以外の用途には使用しないこと ③ 遮へい板は，容器に直接日光が当たることのないように，容器から適当な間隔を置いて取り付けられたものであって，材料としては厚さ 2 mm 以下の薄鉄板またはこれと同等以上の遮へい効果を有し，かつ，これと同一面積当たり同等以下の質量を有するものであること
容器の転倒防止措置など	容器の転倒防止措置，腐食防止措置などについては，所定の基準に従うほか，次の事項によること ① 1 列に並べて設置される同系列の隣接容器は，容器交換作業用スペースなどを考慮し，離して設置することが望ましい。隣接容器との中心距離は 50 kg 型容器の場合，400 mm を標準とする ② 同系列の容器群を 2 列に設置する時は，容器群を千鳥型に配列することが望ましい

■集合装置の基準

① 　2系列からなる集合管には，原則として各系列に切替弁および容器ごとに根元バルブ（逆止弁が望ましい）を取り付ける。ただし，自動切替式調整器を設置する場合および容器設置本数が片側4本以下の場合には，各系列の切替弁を省略してもよい。

② 　各系列に圧力計（最高目盛はJIS B 7505−1ブルドン管圧力計の規定を目安に選択することが望ましい）を取り付ける。ただし，片側4本以下の場合はこの限りでない。なお，圧力計を取り付ける場合は，必ず元弁を取り付け，圧力計の交換または破損に備えること。

③ 　調整器の入口付近にストレーナを取り付けること。ただし，ストレーナが調整器に内蔵されている場合はこの限りでない。

④ 　集合管には，腐食防止措置を行うとともに，使用上支障のある割れなどの欠陥のないものであること。

⑤ 　集合管の強度は，2.6 MPa以上の圧力で行う耐圧試験に合格するものであり，高圧ホースは自主検査に合格したものであること。

⑥ 　集団供給する場合は，自動切替式調整器を使用し，LPガスの供給を中断しないで容器の交換ができる設備にしなければならない。

■液化石油ガス法に定める蒸発器の基準

① 　蒸発器は，使用上支障のある腐食，割れなどの欠陥がないものであること。

② 　蒸発器は，2.6 MPa以上の圧力で行う耐圧試験に合格したものであること。

③ 　蒸発器は直火で直接LPガスを加熱する構造のものでないこと。この禁止されている構造に関する詳細については通達を参照のこと。

④ 　蒸発器は液状のLPガスの流出を防止する措置を講じたものであること。

⑤ 　温水によりLPガスを加熱する構造の蒸発器にあって寒冷地に設置するものは，温水部に凍結を防止するため次のいずれかの措置を講ずること。

　1）温水に不凍液を添加する。

　2）不燃性断熱材料を用いて蒸発器全体または温水部を被覆する。

■調整器の基準

　調整器の設置基準（p.176）に従うこと。なお，調整器の設置にあたっては，最大ガス消費量の1.5倍以上の容量のものを標準とすること。

■供給管の一般基準

供給管および集合装置の基準（p.177）に準ずるとともに，以下の基準によること。

① 貯蔵能力が 500 kg 以上の貯蔵設備にあっては，供給管（調整器（低圧）の出口下部）の下端にドレン抜きを設け，ドレン溜まり部分は，供給管の最大直径以上の直径であり，かつ，長さ 20 cm 以上の管を使用し，バルブを設けるか，先端をプラグ止めすること。

② 中圧供給管（二段式一次用調整器と二次用調整器の間の管）は，0.8 MPa 以上の圧力で行う耐圧試験に合格するものであること。

③ 供給管は，地くずれ，山くずれ，地盤の不同沈下などのおそれのある場所または建物の基礎面下に設置しないこと。

④ 供給管を地盤面以上に設置する場合，その周辺に危害を及ぼすおそれのある時は，その見やすい場所に危険標識を設けること。

⑤ 集団供給の場合は，ガスメーターごとにガスメーター入口側の供給管にガス栓を設けること。

■供給管などの腐食の分類（多くは電気化学的要因／電池作用による）

自然腐食	マクロセル腐食 （巨視的腐食電池）	コンクリート／土壌（C/S マクロセル）
		通気差
		異種金属との接触
	ミクロセル腐食 （微視的腐食電池）	一般土壌の影響
		酸性土壌の影響
		バクテリアの影響
		大気中で起こる腐食
電食	直流電流などからの漏れ電流の影響	
	ジャンピング現象および干渉	

（注）電流が金属から電解質溶液側へ流れる場合，その電極をアノード，電流が金属に流れる電極をカソードという。（本来，カソードは陽極，アノードは陰極の意味であるが）紛らわしいので以下の点に注意。

分野 電極	電池分野	電解（電気分解）分野
アノードとなる電極	負極（−極）	陽極
カソードとなる電極	正極（＋極）	陰極

■金属材料の種類とその電位

種　類	中性土壌中の電位(mV)	腐食のしやすさ
マグネシウム合金	約−1600	（卑金属）腐食しやすい ↕ （貴金属）腐食しにくい
亜鉛	約−1100	
アルミニウム合金	約−1000	
軟鋼鋼管（表面研磨）	約−1600〜−500	
鋳鉄	約−500	
ステンレス鋼（動態）	約−500	
軟鋼鋼管（表面発錆）	約−500〜−200	
銅，黄銅，青銅	約−200	
軟鋼（コンクリート中）	約−200	
チタン	約−300	
ニッケル	約−250〜＋100	
ステンレス鋼（不動態）	約＋100	

（注）金属の電位は，同じ金属であってもアルカリ性環境では高く，酸性環境では低い
　　値を示す。

■マクロセル腐食の概要

	管系統に明確な極が生じ，比較的大きな電位差を持つ巨視的な腐食電池が形成されて起こる腐食 陰極部の表面積が陽極部のそれより大きいほど持続し，また，電位差が大きいほど激しい腐食になる
コンクリート／土壌（C/S）	コンクリート（C）は高いアルカリ性のため，その中にある鉄筋は土壌（S）中の鋼管より高い電位を示す 両者が導通していると，それらの間に250〜500 mVの電位差の腐食電池が形成される コンクリート側の鉄筋はカソードとなり防食状態になるが，土壌側の鋼管はアノードとなり腐食する また，土壌にある鋼管は相対的に少ないため，等量の電流が流れるので，コンクリート側の防食反応は相対的に少なく，土壌側の鋼管の腐食の方が激しくかつ長期間継続する
通気差	土壌中の鋼管の電位は，土壌成分や溶解物質，さらには通気性（酸素濃度）によっても異なり，一般に約−300〜−850 mV（硫酸銅電極電位）と広い範囲に分布する。 通気性のよい土壌中の鋼管は，悪い土壌（粘土質，土丹層（固結度の低い泥岩層）など）のものよりも高い電位を示す 一本の鋼管が土質の異なる地層を貫通すると，そこに腐食電池が生じる（通気性のよい側がカソードになり防食になるが，通気性の悪い側がアノードになり腐食する）。また，酸素にさらされると金属は酸化被膜（錆び）を生じ電位が高くなりカソードになりやすく，他方の腐食を促進する
異種金属の接触	電位の異なる金属（つまり異種金属）を土壌中で接触させると，電位の高い金属はカソードになり防食状態になるが，電位の低い金属がアノードになり腐食する 同じ金属でも，錆びの発生しているものとそうでないものとは電位が異なるので，錆びのある側がカソードとなり，ない側がアノードとなって腐食する

■ミクロセル腐食の概要

金属材料の微小な部分ごとに，その環境条件により無数の微細な極が表面に生じ，微視的な腐食電池が形成されて比較的均一に起こる緩慢な腐食	
一般土壌の影響	土壌が与える腐食性は，土壌の電気抵抗（土壌比抵抗）によって決まり，水分や溶解塩類を含む土壌では，電気抵抗が低く，低電位になりやすく腐食が大とされる。電気抵抗が低くても酸素濃度が低いと腐食は抑制される
酸性土壌の影響	環境が酸性であると，金属の電位が下がりアノードになりやすく，腐食が進行する
バクテリアの影響	酸素濃度が低くても，硫酸還元バクテリアが繁殖している場合には，土壌中で激しい腐食が起こる
大気中で起こる腐食	大気中では，酸素と湿気（水分）の両者が存在する場所で腐食が発生する また，排煙中に二酸化硫黄など腐食性成分があると，腐食が進行する。海岸地帯の塩分の多い大気中でも進行する

■電食

漏れ出た電流（迷走電流）による腐食	
漏れ電流による電食	直流電気設備から漏れた電流が，近くの埋設管に流入すると，その箇所がカソードとなり，流入側は防食されるが，流出側がアノードとなり腐食する。LP ガスのように埋設距離の短い場合には，一般には起こりにくい
ジャンピングによる電食	防食電流を流れている埋設管の途中に電気的絶縁物が挿入されていると，防食管側の電位は非防食管側に比して低いため，電流が土壌を介して非防食管側から防食管側に向かって流れる これにより非防食管側に腐食が起こる
干渉による電食	電気防食（外部電源法，選択排流法，強制排流法など）を施している埋設管や土壌中に敷設した外部電流法の電極などの近傍に他の埋設管が敷設されていると，防食電流の一部がその埋設管などに流入することがある この電流が流出した箇所で腐食が起こる

■腐食の背景的要因

① 鉄筋コンクリート建物，鉄骨建物あるいは基礎などに鉄筋コンクリートを使用した木造建物などの増加。

② 意匠および構造上，供給管などを埋設または隠ぺいする建物の増加。

③ 給湯器など自動制御化された燃焼器の普及により，LPガス配管と電気設備や水道管などが同一の機器に接続されるようになった。

④ 水や大気の汚染が進行した。

⑤ 宅地造成が拡大し，異種土壌の混在が増えた。

■管理の必要な供給管

① 白管（亜鉛めっき鋼管）または黒管（塗装された鋼管）を使用する埋設管

② 防食テープ巻き鋼管またはジュート（黄麻）巻き鋼管を使用する埋設管

③ 被覆鋼管に亜鉛めっき継手を使用している埋設管

④ 被覆鋼管に防食テープ巻き継手を使用している埋設管

⑤ 被覆鋼管の被覆部分に損傷のおそれがある埋設管

⑥ 建物と電気的に導通しているおそれがある埋設管（電気的絶縁継手を使用していないもの）

⑦ 腐食による漏洩経歴を過去にもつ埋設管

⑧ 腐食環境にある供給管など

腐食対策は
技術的に重要なので
よく見ておきたいですね

■一般的腐食防止措置

① 供給管などはできる限り露出状態にする。

・ねじ切り部は，湿気などの影響を受けないよう，塗装や防食テープを巻く。

・常時湿気のある場所や腐食性ガスのある場所では，被服鋼管や配管用フレキ管を使用する。

② 建物などを露出管で貫通する箇所や床面からの立ち上がり箇所は，防食

テープを巻いた亜鉛めっき鋼管や被覆鋼管あるいは配管用フレキ管を使用する。

③　埋設する場合は，ガス用ポリエチレン管や被覆鋼管あるいはさや管を用いた配管用フレキ管を使用する。なお，被覆鋼管を使用する場合は，電気的絶縁継手を用い建物と埋設管を電気的に絶縁する。

④　被覆鋼管を埋設する場合は，被覆部分に傷を付けないよう留意して敷設する。なお，傷の部分に発生したミクロセル腐食を防止する方法には，マグネシウム陽極を用いた電気防食法（流電陽極法，次項記載）が有効

⑤　その他，**配管材料**（p.83〜）で記載した材料を使用する。

■電気的腐食防止措置（電気防食）

流電陽極法	土壌中に設置したアノードと埋設管を電線で接続し，その電位差により生じた防食電流をアノードから土壌を介し埋設管に流入させ，埋設管を防食する アノードに用いられる材料は，一般にマグネシウムであるが，用途に応じてアルミニウムや亜鉛なども用いられる。 比較的簡便な電気防食法で発生電流も少なく，小口径で延長も短いものなど，比較的防食対象面積の小さいものに適する
外部電源法	直流電源の＋極を土壌中に設置した電極に接続し，−極を埋設管に接続して電圧を加え防食電流を電極から土壌を介し，埋設管に流入させて防食する 発生電流を大きくすることができ，大口径で延長が比較的長いものに適するが，高い電圧を使うと他の埋設管に干渉による電食を起こすことがある
選択排流法	埋設管に流入する迷走電流の影響による電食を防ぐため，埋設管と迷走電流を生じさせる直流電気設備の間に排流器を設置し，一定方向に流れる電流を選択し埋設管に逆流しないよう帰流させる方法
強制排流法	選択排流法と同様に，迷走電流による埋設管の電食を防ぐものだが，埋設管と直流電気設備間に直流電源装置を設置して迷走電流を強制的に直流電気設備へ帰流させる方法

■供給管等の損傷防止措置

原因	防止措置
地盤沈下	そのおそれのある場所に供給管等を埋設する場合は，可撓性のガス用ポリエチレン管または被覆鋼管（機械的接合）などを使用し，建物に引き込む箇所には伸縮継手，低圧配管用継手付金属製フレキシブルホースあるいは継手（エルボなど）を組み合わせて荷重を吸収する。また，道路，よう壁および側溝などにき裂およびゆがみなどが生じていないかを点検
建物の自重	特に重量建物（鉄筋コンクリート構造のアパート・マンションなど）等に引き込む供給管等には，伸縮継手，低圧配管用継手付金属製フレキシブルホースやエルボなどを組み合わせることにより管系統に可撓性をもたせ荷重を吸収する。ねじ継手を組み合わせた工法を採用する場合の継手部に塗布するシール材は不乾性のものを用いる。また，建物の周囲に著しい地盤沈下あるいは出入口などのコンクリート打設部にき裂などが生じていないか点検
不適切施工による荷重	埋設供給管等の管床は，平滑にし石塊などによる支点が生じないよう注意。埋め戻す場合は，良質な土あるいは砂を用い，掘削した場所の地盤沈下が起きないよう，転圧機などを用い埋設管を損傷しないように留意して十分に突き固める。また，既設の道路などを掘削した場合は，路面にくぼみなどが生じていないかを施工後に点検する
重量車両等の通過	重量車両や重量物を積載した車両が通過する道路などに埋設供給管等を敷設する場合，または修理などを行う場合は，次表の埋設深度を順守する。埋設供給管等は，可撓性のあるガス用ポリエチレン管あるいは被覆鋼管を用いた機械的接合およびねじ継手による荷重を吸収する工法を採用する

供給管等の埋設深度

埋設場所	配管の埋設深さ
高速自動車道，一般国道，都道府県道，市町村道	1.2 m 以上
自動車が常時通過する私道，農道等	60 cm 以上
地盤の凍結による影響を受けるおそれのある場所	30 cm 以上で凍上のない深さ
上記以外の場所	30 cm 以上

凍上	寒冷地では冬季に土中の水分が凍結することにより，家屋などが持ち上げられる現象（凍上現象）が見られる。配管などについても，凍上により折損したり曲がったりする例があり，事故に至るおそれがある あらかじめ凍上現象などに関する資料を調査・分析して凍上の影響を受けるおそれのない深さを求め，その深さ以上に埋設すること なお，求めた深さが 30 cm より浅い場所であっても，安全を考慮し 30 cm 以上の深さにすること
衝撃	埋設供給管等に用いる被覆鋼管は，衝撃には比較的強いが，衝撃を受けると被覆部が剥離してその部分が腐食する また，ガス用ポリエチレン管は腐食には強いが衝撃と熱には弱い いずれも衝撃を受けやすい場所での設置は避け，かつ埋設位置を示す表示ピンまたは表示杭を地表面の見やすい位置に設置するとともに，埋め戻し時に損傷を防止するための表示シートを埋設管の直上部の適切な深さに埋設しておく 業務主任者などは，特定液化石油ガス設備工事事業者が行う工事が適切になされることを確認する
他の工事	供給管等が敷設されている建物または道路などの多くは，他業種による改修あるいは修理などが想定される このため業務主任者などは，一般消費者等および建物の所有者または管理者あるいは道路管理者などに対し，LP ガスの供給に関する他工事の情報を事前に入手するため，機会あるごとにパンフレットなどを配布することなどにより，連絡を密にしておく また，LP ガスの供給設備などに関連あるいは影響する他工事については，必ず立ち会う

■供給管等の損傷に関する記録と保存

　損傷した場合は，連絡を受けた年月日および時間，連絡者の住所，氏名，損傷の状況やその場所，建物の種類，損傷の原因，修理年月日，修理の方法ならびに修理をした者の氏名および立会い者などを記録して保存する。また，損傷の状況および修理の方法については，写真または図面などを添付して保存することが望ましい。

■特定地下街等における緊急遮断装置の設置

　貯蔵能力 300 kg 以上の貯蔵設備（含特定供給設備）から，特定地下街等へ LP ガスを供給する供給管は，遠隔操作により LP ガスを直ちに遮断できる緊急遮断装置を設置しなければならない。遮断装置を操作する場所は，特定地下街等の保安状態を常時監視出来る場所であること。また，遮断部については貯蔵設備ごとに，貯蔵設備に近接して設けなければならない。

■特定地下室等における遮断弁の設置

　貯蔵能力 300 kg 以上の貯蔵設備から，特定地下室等へ LP ガスを供給する供給管には，1 つのバルブによって LP ガスの供給を停止できる遮断弁を設けなければならない。その遮断弁は貯蔵設備ごとに貯蔵設備に近接して設けることとされている。

■一般地下室における遮断弁の設置（個別住宅の地下室を除く）

　特定地下室等における遮断弁の設置と同様。

■消費設備の一般基準

　集団供給方式における消費設備の設置基準は，戸別供給方式のそれと基本的に変わらない。ただ，一部の施設または建築物について，ガス漏れ警報器の設置が義務付けられているものがある。

■特定地下街等および特定地下室等におけるガス漏れ警報器の設置

　燃焼器を設置して使用する時は，集中監視型のガス漏れ警報器を設置しなければならない。ただし，次のような場合は，設置しなくてもよい。
①　燃焼器が屋外に設置されている場合。
②　燃焼器が告示で定める方法により末端ガス栓と接続され，かつ，燃焼器

に立ち消え安全装置が組み込まれている場合。

③　常時設置されていない燃焼器の場合（ただし，特定用途建築物は除く）。

④　浴室内に設置された燃焼器の場合。

■一般地下室におけるガス漏れ警報器の設置

集中監視型の必要はない。検知器と警報部が１つのケースになっている一体型を設置することでよい。

■建築基準法による３階以上の共同住宅のガス設備に対する規則

①　末端ガス栓の構造など：バルコニーその他漏れたガスが滞留しない場所に設けるものを除いて，次の①または②のいずれかによること。

1）末端ガス栓と燃焼器の接続は，金属管，金属可撓管または強化ガスホース（金属線入りのもの）を用いてねじ接合できるものであること。

2）過流出安全弁（ヒューズガス栓）その他ガスが過流出した場合に，自動的にガスの流出を停止することができる機構を内蔵するものであること。

②　適用の除外

LPガス用のガス漏れ警報器（戸外警報型または集中監視型）を設置する時は，前記（1）の規定は適用されない。ガス漏れ警報器は，液化石油ガス法令による技術上の基準に適合したものでなければならない。

問1. 戸別供給方式に関する次のイ，ロ，ハ，ニのうち，正しいものはどれか。

イ．体積販売の場合は，容器から燃焼器までの設備を消費設備という。

ロ．最大ガス消費量を求めるために，設置された複数の全ての燃焼器の消費量をkW単位で求めて合計した。

ハ．50 kg型LPガス充てん容器を，風通しがよく湿気の少ない場所に設置した。

ニ．LPガス容器からの自然気化によるガス発生は，LPガスの組成，大気の湿度，容器周辺の通風などで変化し，残液量が少なくなるほど量は少なくなる。

   (1)　イ，ロ

   (2)　イ，ロ，ニ

   (3)　ロ，ハ

   (4)　ロ，ニ

   (5)　ロ，ハ，ニ

問2. 戸別供給方式に関する次のイ，ロ，ハ，ニのうち，正しいものはどれか。

イ．単段式調整器とチェック弁付高圧ホースを用いた容器2本立て設置の供給設備では，消費を中断しなくても容器交換が可能である。

ロ．単段式調整器を使用する場合は，調整器出口から燃焼器入口までの低圧配管などの圧力損失を0.3 kPa以内に設計する必要がある。

ハ．低圧配管工事完了の後，気密試験として自記圧力計を用いて9 kPaの圧力で所定の時間保持して，圧力変動のないことを確認した。

ニ．容器内のLPガスの気化に必要な熱量は，主として外気からの伝熱で供給される。

   (1)　イ，ロ，ハ

   (2)　イ，ロ，ハ，ニ

   (3)　イ，ハ

   (4)　イ，ニ

(5)　ロ，ハ，ニ

問3．LPガスの集団供給に関する次のイ，ロ，ハ，ニの記述のうち，正しいものはどれか。

イ．貯蔵能力が500 kg以上の貯蔵設備において，供給管の立ち上がり部（貯蔵設備から最も近い部分）の下端にドレン抜きを設けた。

ロ．最大ガス消費量（集団）は，年間を通じて最もLPガス消費の多い月（最大ピーク月）における総使用量をいう。

ハ．低圧部の埋設管の材質として，ガス用ポリエチレン管を用いた。

ニ．LPガスを中高層住宅に供給する際に，立ち上がり管の高さによる圧力損失は考慮に入れなくてもよい。

(1)　イ，ハ
(2)　イ，ニ
(3)　ロ，ハ
(4)　ロ，ニ
(5)　ロ，ハ，ニ

解答・解説

問1. 正解 (5) ロ, ハ, ニ

解説

イ. (誤) 体積販売の場合は，容器からガスメーターまでを供給設備といい，それ以降の設備を消費設備といいます。

ロ. (正) 最大ガス消費量を求めるために，設置された複数の全ての燃焼器の消費量を kW 単位で求めて合計することは正しいです。

ハ. (正) 50 kg 型 LP ガス充てん容器を，風通しがよくて湿気の少ない場所に設置することは適切です。

ニ. (正) LP ガス容器からの自然気化によるガス発生は，LP ガスの組成，大気の湿度，容器周辺の通風などで変化します。また，残液量が少なくなるほど，液の接触面積が減りますので蒸発量は少なくなります。

問2. 正解 (2) イ, ロ, ハ, ニ

解説

イ. (正) 単段式調整器とチェック弁付高圧ホースを用いた容器2本立て設置の供給設備では，消費を中断しなくても容器交換が可能です。

ロ. (正) 単段式調整器を使用する場合は，調整器出口から燃焼器入口までの低圧配管などの圧力損失を 0.3 kPa 以内に設計する必要があります。

ハ. (正) 低圧配管工事完了の後，気密試験として自記圧力計を用いて 9 kPa の圧力で所定の時間保持して，圧力変動のないことを確認したことは適切です。試験圧力は 8.4 kPa 以上 10 kPa 以下で行います。

ニ. (正) 容器内の LP ガスの気化に必要な熱量は，主として外気からの伝熱で供給されます。

問3. 正解 (1) イ, ハ

解説

イ. (正) 貯蔵能力が 500 kg 以上の貯蔵設備において，供給管の立ち上がり部（貯蔵設備から最も近い部分）の下端にドレン抜きを設けることは適切です。

ロ. (誤) 記述は誤りです。最大ガス消費量(集団)は，次の式で求めます。

最大ガス消費量（集団）＝平均ガス消費量×消費者戸数×最大ガス消費率。

ハ．（正）低圧部の埋設管の材質として，ガス用ポリエチレン管を用いることは適切です。

ニ．（誤）LPガスを中高層住宅に供給する際に，立ち上がり管の高さによる圧力損失は考慮に入れなければなりません。

第９章
特定供給設備とバルク供給方式

重要度Ｂ

第1節　特定供給設備

■特定供給設備の定義

　供給設備のうちLPガスの貯蔵能力が次表に掲げるものであって，その範囲は次図に示す調整器までの設備をいう。設置する場合はその所在地を管轄する都道府県知事の許可を受け，完成検査に合格した後に使用する。

表　特定供給設備の貯蔵能力

貯蔵設備の種類	供給設備の貯蔵能力
容器（バルク容器[1]を含む）の場合	3000 kg 以上
バルク貯槽の場合	1000 kg 以上
貯槽の場合	1000 kg 以上

1）移動できるものをバルク容器，固定されているものをバルク貯槽という。

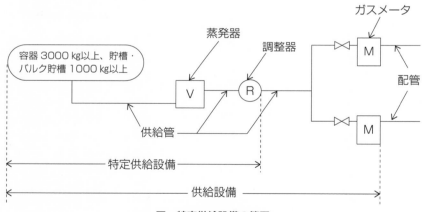

図　特定供給設備の範囲

■特定供給設備の形態

容器	50 kg 型容器での貯蔵・供給は p.183（集団供給方式）を参照下さい 業務用・工業用で消費する工場などの貯蔵設備から社宅などの一般消費者等にガスメーターにより供給する場合は，500 kg 型容器による交換方式（通常，蒸発器併設の強制気化方式）などが採用される また，バルク容器の貯蔵設備から供給する方式は，バルクローリ（充てん設備）から直接バルク容器に充てんすることで容器交換は不要になる
バルク貯槽	バルク貯槽は，LP ガスの減少量を直接バルクローリで受け入れるもので，容器交換が不要。比較的 LP ガス使用量が多い集団供給や業務用施設などに用いられることが多い。気化には自然気化方式と強制気化方式とがある 形式として，地上設置の縦型と横型，あるいは，埋設式横型があり，最大ガス消費量を考慮したガス発生能力を選定する 特に供給の安全を維持する必要があって，経済産業大臣が指定する地域では，埋設設置が必要である
貯槽	LP ガスの使用量が多く，かつ，大きな貯蔵能力を必要とする場合は，貯槽を設置した供給方式が採用されることがある 強制気化方式の採用が多い 形式には円筒形と球形とがあるが，円筒形が一般的であり，また，地上設置と埋設型とがあって，特に供給の安全を維持する必要があって，経済産業大臣が指定する地域では，埋設設置が必要である

（注 1）一般に，貯槽はバルク貯槽より大容量。
（注 2）充てん設備も設備ごとに都道府県知事の許可を要する。

■特定供給設備の新設において許可の必要なもの（近接する調整器までが対象）

容器またはバルク容器の貯蔵能力	3 トン以上
バルク貯槽または貯槽の貯蔵能力	1 トン以上

第9章 特定供給設備とバルク供給方式

■特定供給設備の新設許可申請

規則様式第 28 による申請書を，以下の書類を添付し都道府県知事に提出
① 特定供給設備の位置（他の施設との関係位置を含む），構造および付近の状況を示す図面
② 特定供給設備の所在地を管轄する消防長（消防本部を置かない市町村にあっては市町村長）または消防署長の意見書

■特定供給設備の変更許可申請

位置，構造，設備，装置を変更する場合には，許可を受ける必要がある。規則様式第 29 に，設置申請の場合と同様の書類①および②を添付する。

■特定供給設備の軽微な変更の届出

次のような変更をした場合には，遅滞なく許可をした都道府県知事に届け出ること。
① 特定供給設備の消火設備（消火器）の変更
② 特定供給設備に係る換気孔の増設
③ 特定供給設備の廃止

■特定供給設備の完成検査

特定供給設備の完成検査を受ける者は，規則様式第 31 による完成検査申請書を都道府県知事に提出し，検査を受けなければならない。高圧ガス保安協会または指定完成検査機関が行う完成検査を受けることもできる。

検査に合格すれば，規則様式第 32 による完成検査証が交付され，LP ガスの供給が開始できる。

■特定供給設備の保安物件に対する離隔距離（容器による場合）

LP ガスの貯蔵能力	保安物件に対する距離			
	第一種保安物件		第二種保安物件	
	鉄筋コンクリート障壁なし	鉄筋コンクリート障壁等あり	鉄筋コンクリート障壁なし	鉄筋コンクリート障壁等あり
3000 kg 以上10000 kg 未満	16.97 m	13.58 m 以上	11.31 m 以上	9.05 m 以上

■特定供給設備の保安物件に対する離隔距離（バルク貯槽による場合）

LPガスの 貯蔵能力	保安物件に対する距離			
	第一種保安物件		第二種保安物件	
	構造壁等なし	構造壁等 または埋設	構造壁等なし	構造壁等 または埋設
1000 kg 以上 3000 kg 未満	7 m 以上	0 m 以上	7 m 以上	0 m 以上
3000 kg 以上 10000 kg 未満	16.97 m 以上	13.58 m 以上	11.31 m 以上	9.05 m 以上

■鉄筋コンクリート障壁等の構造

鉄筋コンクリート 製障壁	直径9mm以上の鉄筋を縦横40cm以下の間隔に配筋し，特に隅部を確実に結束した厚さ12cm以上，高さ2m以上のものであって堅固な基礎上に構築され，かつ，対象物を有効に保護できる構造のもの
コンクリートブロック製障壁	直径9mm以上の鉄筋を縦横40cm以下の間隔に配筋し，特に隅部を確実に結束し，かつ，ブロックの空洞部にコンクリートモルタルを充てんした厚さ15cm以上，高さ2m以上のものであって堅固な基礎上に構築され，かつ，対象物を有効に保護できる構造のもの
鋼板製障壁	厚さ3.2mm以上の鋼板にあっては縦横40cm以下の間隔に，厚さ6mm以上の鋼板にあっては縦横1.8m以下の間隔に，それぞれ30cm×30cm以上の等辺山形鋼を溶接で取り付け補強した高さ2m以上の障壁であって，堅固な基礎上に構築され，かつ，対象物を有効に保護できる構造のもの

■火気を取り扱う施設に対する離隔距離

貯蔵能力	確保すべき離隔距離
3000 kg 未満	5 m 以上
3000 kg 以上	8 m 以上

■火気を取り扱う施設に対する距離（上記離隔距離が確保できない場合）

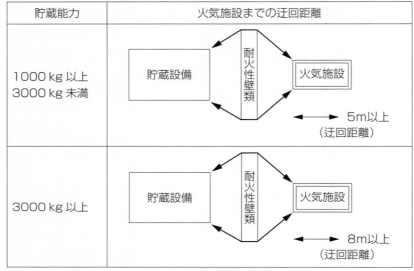

貯蔵能力	火気施設までの迂回距離
1000 kg 以上 3000 kg 未満	貯蔵設備 — 耐火性壁類 — 火気施設　5m以上（迂回距離）
3000 kg 以上	貯蔵設備 — 耐火性壁類 — 火気施設　8m以上（迂回距離）

（注）耐火性壁類は，ガス漏洩時の流動防止措置として，高さ２m以上のもの。

■構造壁等（構造壁またはこれと同等以上のものをいう）の基準

① 構造壁等の設置は，最大２方向までとする。

② 構造壁等の下部は，地盤面に接するように設置する。

③ 構造壁等には，開口部がないこと。

④ 構造壁等の長さは，構造壁等に投影されたバルク貯槽の縦および横より７m以上の長さを有すること。ただし，バルク貯槽の外面から構造壁等の端部までの距離と構造壁等の端部から第一種保安物件または第二種保安物件との距離の和のうち最短で７m以上の距離がある場合ならびにバルク貯槽に係る他の構造壁等および地盤面と接する部分についてはこの限りではない。

■構造壁等とみなしうるもの

　LPガスの供給を受ける消費設備が設置されている建物の外壁がJIS　A 1304建築構造部分の耐火試験方法に規定される30分加熱試験に合格するものと同等以上の性能を有する場合にあっては，その外壁を構造壁等とみなしうる。

第2節　バルク供給方式

■法定バルクローリ（バルク供給方式が近年増加している）

用途	（法令上の）名称	適用法令
民生用	新型バルクローリ（充てん設備）	液化石油ガス法施行規則第64条第1項
	従来型バルクローリ（充てん設備）	液化石油ガス法施行規則第64条第2項（高圧ガス保安法液化石油ガス保安規則第9条第1項準用）
工業用等	新型バルクローリ（移動式製造設備）	高圧ガス保安法液化石油ガス保安規則第9条第3項（液化石油ガス法施行規則第64条第1項準用）
	従来型バルクローリ（移動式製造設備）	高圧ガス保安法液化石油ガス保安規則第9条第1項

■バルク容器の定義

　一般消費者等の供給設備に取り付けた状態で，充填設備（バルクローリ）により直接 LP ガスを充てんして供給するための容器

■バルク容器の構造（次表に対応）

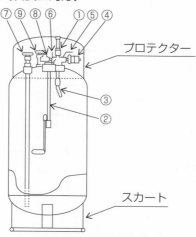

図　バルク容器の構造（例）

図中番号	名称	図中番号	名称
①	安全弁	⑥	ガス取出バルブ
②	液面計（フロート式または超音波式）	⑦	液取出バルブ
③	過充てん防止装置	⑧	ガス放出防止器または緊急遮断装置
④	カップリング用液流出防止装置	⑨	均圧バルブ＋カップリング
⑤	液取入バルブ		

（注）バルク容器の表示「液化石油ガス（または LP ガス），燃，火気厳禁，所有者連絡先」

■バルク容器の貯蔵能力

$W = V/C$

W：バルク容器の貯蔵能力（kg）

V：バルク容器の内容量（L）

C：容器保安規則第二２条に規定する数値（プロパンは 2.35）

■バルク容器の各部に取り付けられるもの

附属品および機器

① 安全弁および放出管など

② 液取入バルブ（カップリング用液流出防止装置付き）

③ ガス取出バルブ（ガス放出防止器または緊急遮断装置付き）

④ 液取出バルブ（必要に応じ，ガス放出防止器または緊急遮断装置付き）

⑤ 均圧バルブ（必要に応じ，カップリング付き）

⑥ 液面計（LP ガスを放出しながら液面を測定するもの以外のものに限る）

⑦ 過充てん防止装置

告示で定める構造のふた付きのプロテクター（附属品および機器の保護）。

適当な材質および構造を有するスカートまたはサドル（底部の腐食および転倒防止）。

■バルク容器の刻印および表示（p.36，37 の容器と同様のものに加えて）

バルク容器またはその周囲の見やすい箇所に

① 「液化石油ガス（または LP ガス）」と朱書
② 緊急連絡先（LP ガス販売事業者などの名称，所在地，電話番号など）
を背景色に対し明瞭な色で表示

■バルク容器の塗装

塗装を施すなど，適切な防食措置を講じたものでなければならない。

■バルク容器を設置すべき場所

① 受入者もしくは一般消費者等の所有または占有する土地内であって，屋
外の通風の良い場所
② 地滑り，山崩れ，洪水，地震などによる有害な影響を直接受けるおそれ
のない場所
③ 地盤の不同沈下などにより，バルク容器その他配管系に有害な影響を及
ぼすおそれのない場所
④ 地盤面から 5 cm 以上高い平坦なコンクリート盤などの水平な場所
⑤ バルク容器にバルクローリなどの車両が接近することのないように縁石
などの措置を講じてある場所
⑥ 貯蔵能力 1000 kg 未満のバルク容器の場合，夏期においても，バルク容
器の温度を 40℃ 以下に保つため，直射日光に長時間さらされない場所ま
た，貯蔵能力 1000 kg 以上のバルク容器の場合，不燃性または難燃性の材
料を使用した軽量な屋根または遮へい板を設けること
⑦ バルクローリの通行，充てん作業に支障がない場所
⑧ 周辺に可燃物などのない，または，置かれるおそれのない場所

■バルク容器の設置方法

① 地震，風圧その他の外圧によって動かないようにスカートまたはサドル
を基礎に設置すること。
② バルク容器の周囲には，その点検，充てん作業，バルク容器などの交換
その他の作業に必要な空間を有するように設置すること。
③ バルク容器のプロテクター内にガス漏れ検知器を設け，LP ガスの漏洩
情報を常時監視するシステムと接続すること。ただし，貯蔵能力 150 kg

未満の場合はその外面から水平3方向の周囲1.3 m 以内に，150 kg 以上300 kg 未満の場合は2 m 以内に，また300 kg 以上1000 kg 未満の場合は4 m 以内に，高さ1.5 m 以上の構造物その他漏えいしたLP ガスの拡散をさえぎるものがないときはガス検知器を設置しなくてもよい。

次の場合もガス検知器を設置しなくてよい。

1) 貯蔵能力1000 kg 以上で，外面から幅3 m 以内，かつ，対面する2方向にいて10 m 以内に高さ1.5 m 以上の構築物などLP ガスの拡散を遮るものがないとき。

2) 貯蔵能力にかかわらず，LP ガスの漏洩の有無の確認を3ヶ月に1回以上実施したとき。

④ バルク容器のガス取出バルブにはガス放出防止器または緊急遮断装置を取り付ける。ただし，貯蔵能力70 kg 以下のバルク容器に限り，ガス放出器および緊急遮断装置のいずれも取り付けない場合は，バルブ容器に係る供給管に対し，次の(1)および(2)の措置を講ずること。

1) バルク容器は，鉄鎖などによりバルク容器を家屋その他の構築物に固定する。

2) バルク容器とバルク容器基礎外の供給管との接続は，バルク容器の基礎と供給管を設置する建築物の間が1.5 m 当たり10 cm 以上の余長を有する液化石油ガス用継手金具付高圧ホースまたは液化石油ガス用継手金具付低圧ホースを用いる。

■LP ガスが滞留しにくいまたはガスが調整器・ガスメーターに影響しない構造

① バルク容器と調整器との間の高圧部をできるだけ少なくすること。

② 調整器および高圧配管などは，バルク容器より高い位置に取り付け，再液化したガスがバルク容器内に戻るようにすることが望ましい（再液化したガスが調整器に入ると，気化熱で温度が急低下して調整器に着霜が起こる。このとき，調整器の出口圧力が大きく変動し危険である）。

③ 単段式調整器による供給の場合は，その調整器をプロテクター内に設け，できるだけバルク容器の直近に取り付けること。

④ 二段式一体型調整器による供給の場合は，その調整器をバルク容器の直近に設けること。

⑤ 二段式分離型調整器による供給の場合は，一次用調整器をプロテクター内に設け，できるだけバルク容器の直近に取り付けること。

■バルク容器の消火設備

貯蔵能力 1000 kg 以上のバルク容器には，消火設備（消火器）を設けること（貯蔵能力 1000 kg につき 1 個以上の粉末消火器を設けること。その能力単位は A − 4 および B − 10 以上のもの）

■バルク貯槽の貯蔵能力

バルク貯槽の貯蔵能力は，次の①の算式から得られる。ただし，地下設置のもので内容積が 2000 L 以上のバルク貯槽の場合は，次の②の算式による。

① $W = 0.85 \, wV$

② $W = 0.9 \, wV$

W：バルク貯槽の貯蔵能力（kg）

w：バルク貯槽の常用の温度（40℃）における LP ガスの比重

V：バルク貯槽の内容積（L）

■バルク貯槽の構造

> 形状は横型または縦型円筒形で，地上設置と地下設置とがある。地下設置では，埋設型と地下貯槽室設置とがある。地下設置で貯蔵能力 3000 kg 以上のものは，規則により原則として貯槽室設置となる

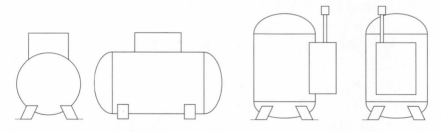

横型バルク貯槽　　　　　　　　　　　縦型バルク貯槽

■バルク貯槽の各部の構造

① 附属機器として，バルク容器と同様のものが取り付けられている。なお，バルク貯槽に取り付けられる安全弁については，その元弁として，連結弁方式と手動弁方式とがある。安全弁の取り外しに際して，LP ガスの漏洩事故を起こしやすいので，特に手動弁については注意が必要である。

② 弁，液面計などの附属機器を保護するため，バルク告示で定める構造の
　ふた付プロテクターが設けてある。地下埋設式のものは，ふたの裏側に厚
　さ 50 mm 以上の不燃性断熱材を取り付け，バルク貯槽本体とプロテクタ
　ーとは絶縁ボルトなどにより電気的に絶縁を行っている。

③ バルク貯槽には，底部の腐食および転倒の防止とアンカーボルトなどで
　基礎に固定するために，適切な材質および構造を有する支柱またはサドル
　などを取り付けてある。貯蔵能力 3000 kg 以上のバルク貯槽，受入管およ
　び供給管ならびにこれら支持構造物および基礎は耐震設計基準により地震
　の影響に対して安全な構造としなければならない。

④ バルク貯槽は，接地接続線で大地と電気的に接続されている（ただし，
　貯蔵能力 3000 kg 未満の場合は，バルク貯槽が大地と絶縁されている場合
　に限る）。地下埋設式のものには，電気防食用のマグネシウムの配線を接
　続するための固定端子および防食電位測定用の端子が設けられている。

■バルク貯槽の刻印と表示

① バルク貯槽本体には，高圧ガス保安法特定設備検査規則に基づき，バル
　ク貯槽の見やすい場所に次の事項を打刻した銘板を取り付けてある。

1）特定設備の製造業者または登録特定設備製造業者などの名称またはそ
　の略称もしくは符号

2）検査機関または特定設備基準適合証交付機関の名称またはその略称も
　しくは符号

3）特定設備検査合格証または特定設備基準適合証の番号および発行年月

4）当該特定設備の種別（第一種特定設備にあっては「S1」，第二種特定
　設備にあっては「S2」とする）

5）設計圧力（記号 P，単位 MPa）

6）第一種特定設備にあっては，設計温度（記号 T,単位℃）

7）第二種特定設備にあっては，設計温度のうち最高の温度（記号 TH,
　単位℃）および最低設計金属温度（記号 TL，単位℃）

8）高圧ガスの種類「燃」

9）内容積（記号 V，単位 m³）

10）耐震設計設備の設計地震動（レベル1地震動にあっては「L1」，レベ
　ル2地震動にあっては「L2」）に続けて，設計水平震度（記号 K_{SH} また
　は K_{MH}）または設計水平加速度（記号 A_H，単位 cm/s²）（貯蔵能力 3000

kg 未満の貯槽を除く）

② バルク貯槽本体またはバルク貯槽の周囲の見やすい箇所に，「液化石油ガス（または LP ガス）」および「火気厳禁」と朱書

③ バルク貯槽本体またはバルク貯槽の周囲の見やすい箇所に，緊急連絡先（LP ガス販売事業者などの名称，所在地，電話番号など）を表示

④ バルク貯槽には，はがれるおそれのない検査実施期限日（西暦）に係る証票をバルク貯槽本体またはバルク貯槽のプロテクター外側前面の見やすい箇所に貼付するなど，確実かつ適切な管理を行うこと。なお，証票の貼付は検査実施期限日の 1 年前までに行うことが望ましい。

■バルク貯槽の塗装

バルク貯槽は，塗装を施すなど適切な防食措置を講じたものでなければならない。

■バルク貯槽関係の表示（例）

L P ガ ス		
最大貯蔵量		kg
燃	火 気 厳 禁 立 入 禁 止	
緊急連絡先	名 称	
	所在地	
	昼 間 連絡先	
	夜 間 連絡先	

図 バルク貯槽の表示例

○○年目 検査実施期限証票	
液 化 石 油 ガ ス 販 売 事 業 者	
検査実施期限日	年 月 日

図 検査実施期限日に係る証票

■バルク貯槽の設置場所

① 地上設置

バルク容器と同様の場所に設置しなければならない。

② 地下設置

1）受入者もしくは一般消費者等の所有または占有する土地内であって，

屋外の通風の良い場所。

2）地滑り，山崩れ，洪水，地震などによる有害な影響を直接受けるおそれのない場所。

3）地盤の不同沈下などにより，バルク貯槽その他配管系に有害な影響を及ぼすおそれのない場所。

4）バルク貯槽を埋設してあることを示す標識杭の中にバルクローリなど車両が乗り入れることのないように，さく，縁石，鎖などの措置を講じてある場所。

5）バルクローリの通行，充てん作業に支障がない場所。

6）周辺に可燃物などのない，または，置かれるおそれのない場所。

7）バルク貯槽の交換，保守点検などに必要なスペースが確保できる場所。

■地上設置バルク貯槽の設置方法

① 地震，風圧その他の外圧によって動かないように支柱またはサドルなどを基礎にアンカーボルトなどで固定するなどの方法で設置すること。

② バルク貯槽の周囲には，その点検，充てん作業，バルク貯槽などの交換その他の作業に必要な空間を有するように設置すること。

③ 貯蔵能力 3000 kg 未満のバルク貯槽は，大地と絶縁されている場合には大地と電気的に接続すること，また，貯蔵能力 3000 kg 以上のバルク貯槽には，静電気を除去する措置を講ずること（詳細はバルク告示，規則例示基準参照）。

④ バルク貯槽のプロテクター内に，ガス漏れ検知器を設け，LP ガスの漏洩情報を常時監視するシステムと接続すること。ただし，前述のバルク容器と同様の条件で LP ガスの拡散をさえぎるものがない場合または LP ガスの漏洩の有無の確認を 3 ヶ月に 1 回以上実施した時は，ガス漏れ検知器を設置しなくてもよい。

⑤ バルク貯槽は，単独で設置すること。やむを得ず複数のバルク貯槽を接続して設置する場合には，「液移動」が発生しないように対策を施すこと。

⑥ ガス放出バルブにガス放出防止器または緊急遮断装置を設置するか，設置しない場合は次項に述べる措置を講ずること。

■ガス放出防止器・緊急遮断装置を設置しない場合の措置

バルク貯槽に係る供給管に対し，地震による震動および地盤の液状化に伴

う損傷を防止する措置を講ずること。その措置は次の①および②による。

① 次に掲げる方法で供給管を 2 ヶ所で固定する。

　1）バルク貯槽のプロテクター出口部（出口または出口付直近の内部）で固定する。

　2）バルク貯槽の基礎上に設置したアングルなどの支持構造物部で固定する。

② バルク貯槽とバルク貯槽基礎外の供給管との接続は，バルク貯槽の基礎と供給管を設置する建築物の間の距離 1.5 m 当たり 10 cm 以上の変位を吸収できる措置を講ずること。

■地下埋設バルク貯槽の設置方法

貯蔵能力	設置方法
3000 kg 未満	① バルク貯槽の頂部が地盤面から 30 cm 以上になるようにバルク貯槽を水平に埋設し，埋戻しの際は石塊などのない土または砂を用いること ② 埋戻しの際は，土または砂に隙間ができないように十分に散水しながら埋戻しを行うこと ③ 地下水による浮き上がりを防止する措置を講じて地盤面下に埋設すること ④ バルク貯槽を埋設する時は，次の電気防食を施すこと 　1）防食用マグネシウムを使用する流電陽極法とすること 　2）バルク貯槽本体とプロテクターとは絶縁ボルトにより固定し，貯槽本体とプロテクターを絶縁すること 　3）バルク貯槽には，電気防食用マグネシウムの配線を接続するための固定端子および防食電位を測定するための端子を設けておくこと 　4）ガス取出配管は，バルク貯槽に附属する調整器の出口側直近に絶縁継手を設け，液取出配管は，液取出弁の直近に絶縁継手を設け，バルク貯槽本体と配管を電気的に絶縁すること ⑤ プラスチック製またはステンレス製のガス検知用の孔あき管（ガス捕集パイプ）をバルク貯槽の周囲に 1 本以上埋設すること ⑥ 埋設後のバルク貯槽の位置を示すため，バルク貯槽の水平投影面の四隅に標識杭を埋め込むこと ⑦ 地盤面上に突出するバルク貯槽のプロテクターふたの裏側は，厚さ 50 mm 以上の不燃性断熱材で被覆すること ⑧ バルク貯槽のプロテクター内に，ガス漏れ検知器を設け，LP ガスの漏洩情報を常時監視するシステムと接続すること
3000 kg 以上	① 原則として貯槽室内に設置し，次のいずれかの措置を講ずること 　1）バルク貯槽の周囲に乾燥砂を詰めること（砂詰方式） 　2）バルク貯槽を水没させること（水封方式） 　3）貯槽室内を強制換気すること（強制換気方式） ② バルク貯槽の頂部は，30 cm 以上地盤面から下にあること

■**LPガスが滞留しにくいまたはガスが調整器・ガスメーターに影響しない構造**
p.212 のバルク容器の場合と同様である。

■**バルク貯槽の防消火設備**

貯蔵能力	防消火設備		
1000 kg 以上 3000 kg 未満	消火設備（消火器）		
	貯蔵能力	粉末消火器等（能力単位 A−4 及び B−10 以上）	
	2000 kg 以下	2 個以上	
	2000 kg 超	3 個以上	
3000 kg 以上	防消火設備（消火器および散水設備など）		

■**バルク貯槽の冷却用散水装置**

> 貯蔵能力 3000 kg 以上の地上設置バルク貯槽の支柱は，冷却用散水設備を設置するなど耐熱性の構造とすること

■バルク供給設備の検査頻度および内容（バルク容器およびバルク貯槽）

	部　位	頻　度	検査項目
バルク容器	バルク容器本体	経過年数 20 年未満：5 年 経過年数 20 年以上：2 年	外観検査 防食検査 耐圧試験
	バルク容器の附属品 （バルブ，安全弁，4000 L 以上の緊急遮断装置）	経過年数 6 年 6 月以下：附属品検査合格日から 2 年を経過して最初に受ける容器再検査の日まで 経過年数 6 年 6 月超：1 年	外観検査 気密試験 性能試験
	バルク容器の機器 （液面計，過充てん防止装置，カップリング用液流出防止装置，ガス放出防止器，4000 L 未満の緊急遮断装置，カップリング）	経過年数 20 年以下：20 年 経過年数 20 年超：5 年	外観検査 気密試験
バルク貯槽	バルク貯槽本体	経過年数 20 年以下：20 年 経過年数 20 年超：5 年	外観検査 耐圧試験 気密試験
	安全弁	5 年	外観検査 気密試験 性能検査
	安全弁以外の附属機器	経過年数 20 年以下：20 年 経過年数 20 年超：5 年	

■バルク貯槽の告示検査を行う際に基づく基準

① バルク貯槽及び附属機器等の告示検査等前作業に関する基準 KHK S 0841
② LP ガスバルク貯槽移送基準 KHK S 0840
③ バルク貯槽の告示検査等に関する基準 KHK S 0745
④ 附属機器等の告示検査に関する基準 KHK S 0746

　また，バルク容器の機器の告示検査は，上記①および④によって行うこと。

■バルク容器の検査内容

	内容積	検査内容
外観検査	120L以上 （70 kg 型，150 kg 型など）	① 外部検査において，傷，腐食，凹痕，膨らみなどがないこと ② 内部検査において，き裂，ラミネーション[1]，はがれ，腐食がないこと ③ 電弧傷，溶接炎，火災などにより発生した傷がないこと ④ バルブ取付け部ねじに異常がないこと
	15L以上120L未満	LP ガス容器の規格（p.34）を参照
耐圧試験	バルク容器製造時と同じ耐圧試験（膨張測定試験）に合格すること。この場合，恒久増加率は 10% 以下であること	

1）ラミネーションとは，圧延鋼材において，内部きず，非金属介在物，気泡，不純物などが圧延方向に沿って平行に伸ばされ，層状になったものをいう。

■バルク貯槽の検査内容

外観検査	① 目視および非破壊検査により，バルク貯槽の外面について腐食，傷，変形などの欠陥がないこと。ただし，バルク貯槽のうちその内部において作業が可能なものの場合には，非破壊検査による確認は，外面に代え，内面についても行うことができる ② バルク貯槽の鋼板の厚さを測定し，最小厚さ以上の厚さを有していること
耐圧試験	常用圧力の 1.5 倍以上の圧力で水などの安全な液体を使用して行い，膨らみ，伸び，漏洩などの異常がないこと（非破壊検査を行い，欠陥がないことが確認された場合を除く）
気密試験	常用圧力以上の圧力で空気などの危険性のない気体を使用して行い，漏洩のないこと

■附属品および機器・附属機器の検査内容

外観検査	①　附属品または機器・附属機器を分解し，目視および非破壊検査により，外面に腐食，割れ，傷，変形などの欠陥がないこと ②　機器・附属機器の耐圧部の肉厚を測定し，最小厚さ以上の厚さを有していること
気密試験	常用圧力以上の圧力で空気などの気体により行い，漏洩のないこと
性能検査	附属品または機器・附属機器の性能試験・作動試験を行い，その性能を確認する

■検査に合格したものの表示（見やすい箇所，容易に消え・はがれのない方法）

①　検査を行った者の名称または記号

②　検査を行った年月（西暦表示）

（注）文字，数字の大きさは，縦横３cm以上とし，明瞭に識別できる色とすること

■バルク貯槽の告示検査時の安全対策

①　あらかじめ，検査作業計画および保安上支障のない状態にすること

②　検査前に，バルク貯槽内部を水などで置換する措置を講じ，バルク貯槽内に作業員が入る時は，空気で再置換する

③　バルク貯槽を開放して検査をする時は，他からLPガスが漏洩することがないようバルブを閉止するとともに仕切板などを施すなどの措置を講ずる

④　閉止されたバルブ，仕切板には，誤操作を防止するため，施錠などの措置を講ずる

⑤　検査が終了しバルク貯槽からLPガスの漏洩がないことを確認した後でなければ使用しない

■告示検査の記録

バルク貯槽	① バルク貯槽の種類およびその製造事業者の名称 ② 特定設備検査合格または特定設備基準適合証の番号および発行年月日 ③ 検査を行った年月日（評価者が合否判定を行った年月日） ④ 検査を行った者の氏名または名称および住所 ⑤ 検査の結果
バルク貯槽の附属機器	① 附属機器の種類，製造番号および製造年月ならびにその製造事業者の名称 ② 検査を行った年月日 ③ 検査を行った者の氏名または名称および住所 ④ 検査の結果
バルク容器	① 機器の種類，製造番号および製造年月ならびにその製造事業者の名称 ② 検査を行った年月日 ③ 検査を行った者の氏名または名称および住所 ④ 検査の結果

■告示検査の保存

　必要な保存期間は，次回の検査を行う日またはバルク貯槽などとして使用することができないように処分する日までである。なお，使用することができないように処分した特定設備の検査合格証などは，発行者（経済産業大臣，高圧ガス保安協会または指定特定設備検査機関など）に返納すること。

■新型バルクローリ（充てん設備）の構造

　基本的な構造および機能は，高圧ガスの従来型バルクローリ（移動式製造設備）と同様だが，公道に駐車して一般家庭に設置されるバルク容器，バルク貯槽などへ LP ガスを充てんすることから，従来型バルクローリ（移動式製造設備）より保安面での機能強化が図られた構造となっている。

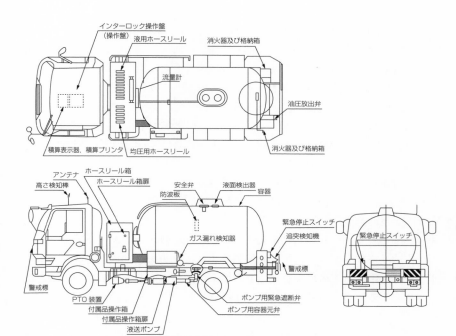

図　新型バルクローリ（充てん設備）の例

（図中ラベル）
インターロック操作盤（操作盤）
液用ホースリール
消火器及び格納箱
流量計
油圧放出弁
消火器及び格納箱
積算表示器，積算プリンタ
均圧用ホースリール
アンテナ
ホースリール箱
高さ検知棒
ホースリール箱扉
安全弁
液面検出器
防波板
容器
緊急停止スイッチ
追突検知機
ガス漏れ検知器
緊急停止スイッチ
警戒標
警戒標
PTO 装置
付属品操作箱
付属品操作箱扉
液送ポンプ
ポンプ用緊急遮断弁
ポンプ用容器元弁

■新型バルクローリ（充てん設備）の技術上の基準

①　新型バルクローリ（充てん設備）の貯蔵設備は，容器であること。

②　LP ガスの通る部分（容器および附属品を除く）は，バルク告示で定める耐圧試験および気密試験に合格するものであること。

③　LP ガスの通る部分（容器，附属品およびホース類を除く）は，バルク告示で定めるところにより，降伏を起こさないような肉厚を有するものであること。

④　ポンプまたは圧縮機は，軸シール部のない構造のもの，または軸シール部を有する構造のもののいずれを用いてもよい。また，駆動させるための発電機を設ける場合は，火花を発生しない機構のものとすること。

⑤　ポンプまたは圧縮機の起動・停止スイッチは，遠隔操作ができるものであること。

⑥　新型バルクローリ（充てん設備）には，以下の機器を設けること。

　1）充てんホースは，JIS　K　6347 に規定されている鋼線編組式ホースと

し，その先端から60 cm以内の位置に，安全継手（充てんホースに異常な力が加えられた時，自動的に分離し，かつ，瞬時にLPガスの供給を遮断する機能を有する装置）を設けること。また，先端にはカップリング用液流出防止装置（セーフティカップリング）を設けること。

2）LPガスの送出し配管，または受入配管には，液封（液状のLPガスで満たされること）を防止する機能を有する緊急遮断装置を設けること。

3）均圧ホースを取り付ける場合は，JIS K 6347に規定されている鋼線編組式ホースとし，その先端に脱着用のカップリングを設け，かつ，その先端から60 cm以内の位置に，安全継手を設けること。

4）液面計，圧力計および温度計を設けること。

⑦ 誤発進防止装置を設けること。

⑧ 新型バルクローリ（充てん設備）本体に緊急停止スイッチを固定し，かつ，遠隔操作ができる携帯式の緊急停止スイッチを設けること。

⑨ 充てん中に以下の異常を検知した場合に，充てんを自動的に停止する機能を有する装置（自動停止装置：インターロック）を設けること。

1）操作箱内のガス漏れを検知した場合（ガスもれ検知器による停止）

2）自動車の衝突などの異常な衝撃を検知した場合（衝撃検知器による停止）

3）充てん中に操作箱の大扉が開いた場合（いたずら防止機構による停止）

■新型バルクローリにおいてカップリングサイズの異なる設備への充てん

新型バルクローリ（充てん設備）によって工業用消費者にLPガスを供給する場合，受入設備の液ラインが25 Aであることが多く，充てん設備（液ラインは20 A）とサイズが合わないことがある。そのため，アダプタを用いることは禁止されている。これは，結合状態におけるバルブ，カップリングなどの強度は，アダプタを使用していない状態で定められた基準であり，アダプタ使用状態での強度は考慮されておらず，充てん作業上の違法行為となるからである。よって，アダプタを使用した場合，破損によるガス漏洩が起こり，重大な事故につながるおそれがある。アダプタを用いて充てんする方法として，受入設備のカップリングサイズを合わせることが挙げられる。この際，変更許可または変更届が必要となる場合があるため，事前に確認してから行う。

■充てん作業を行う者の資格

　充てん作業者は，高圧ガス保安協会または経済産業大臣が指定する養成施設が行う講習の課程を修了した者（充てん作業者）に，バルク容器・バルク貯槽などへのLPガスの充てんを行わせなければならない。また，充てん作業者は，所定の期間ごとに再講習を受ける義務がある。なお，充てん作業については，KHK S 0744「LPガス充てん作業基準」およびKHK S 0501「LPガスバルク供給基準（工業用等）」を参照のこと。

■保安物件等に対する距離

貯蔵量 （Q）	貯蔵形態		保安物件との保安距離, 火気などとの距離			
			d_1 （第一種保安物件）	d_2 （第二種保安物件）	d_3 火気	d_4 火気取扱施設
Q<1	バルク貯槽	地上設置	1.5 m [1] （構造壁0 m）	1 m [1] （構造壁0 m）	2 m超	－
		地下埋設	0 m [1]	0 m [1]	2 m超	－
	バルク容器		－	－	2 m超	－
1≦Q<3	バルク貯槽	地上設置	7 m（障壁0 m）[2,4] 7 m（構造壁0 m）[1]	7 m（障壁0 m）[2,4] 7 m（構造壁0 m）[1]	－	5 m
		地下埋設	0 m [2]	0 m [2]	－	5 m
	バルク容器		16.97 m [2] （構造壁0 m）	11.31 m [2] （構造壁0 m）	－	5 m
3≦Q<10	バルク貯槽	地上設置	16.97 m [2] （障壁13.58 m）	11.31 m [2] （障壁9.05 m）	－	8 m
		地下埋設	16.97 m [2] （13.58 m）	11.31 m [2] （9.05 m）	－	8 m
	バルク容器		16.97 m [2] （障壁13.58 m）	11.31 m [2] （障壁9.05 m）	－	8 m

1）構造壁を設けた場合，あるいは，バルク貯槽を地下に埋設した場合は，保安距離を短縮可能。

2）厚さ12 cm以上の鉄筋コンクリート造りまたは同等以上の強度を有する障壁を設けた場合，あるいは，バルク貯槽を地下に埋設した場合は，保安距離を短縮可能。

3) 学校，病院等の施設には，校庭，病院の庭などが含まれる（当該学校，病院等にLP
ガスを供給するための貯蔵設備に適用する場合を除く。なお，当該学校，病院の庭
等内に貯蔵設備を設置する場合には，当該施設を利用する者が通常通行しない場所
に設置する等，保安の確保に努める）。
4) 第一種保安物件または第二種保安物件に対し，障壁が設けられていない方向に他の
第一種保安物件または第二種保安物件が存在する場合にあっては，当該他の第一種
保安物件に対し16.97 m以上，第二種保安物件に対し11.31 m以上の距離をそ
れぞれ有するか，または当該第一種保安物件または第二種保安物件に対し，障壁を
設けること。

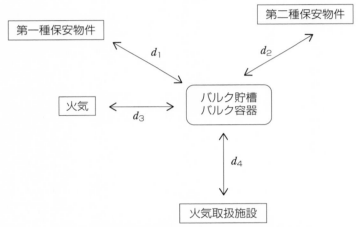

図　バルク貯槽・バルク容器と保安物件等との距離

■構造壁の設置方法
① 構造壁の設置は最大2方向までとする。
② 構造壁の下部は，地盤面に接するよう設置する。
③ 構造壁に投影されたバルク貯槽の縦および横より貯蔵能力に応じた次の
距離とする。ただし，バルク貯槽に係る他の構造壁および地盤面と接する
部分は除く。
1) 貯蔵能力が1000 kg未満の場合：10 m以上
2) 貯蔵能力が1000 kg以上3000 kg未満の場合：7.0 m以上
④ 構造壁には，開口部がないこと。

■バルクローリの保安物件に対する距離

充てん設備	保安物件との所要距離	
	第一種保安物件	第二種保安物件
新型バルクローリ （民生用バルクローリ）	1.5 m[1] （構造壁 0 m）[1,2]	1.0 m[1] （構造壁 0 m）[1,2]
従来型バルクローリ （工業用バルクローリ）	15 m[1]	10 m[1]

1) 保安物件に対する距離は，充てん設備の外面（充てん口を含む）から確保する。

2) 構造壁等を設けた場合は，距離を短縮できる。

　なお，従来型バルクローリは，受入者の所有または占有する土地内に停車しなければならない。新型バルクローリとは異なり，道路上での充てんは禁止されている。

問1．バルク供給方式の設備等に関する次の記述のうち，正しいものはどれか。

イ．新型バルクローリ（充てん設備）には，誤発進防止装置，自動停止装置，緊急停止スイッチなどが設けられている。

ロ．バルク貯槽へのLPガス充てん作業は，資格がない者も行うことができる。

ハ．バルク貯槽には，液面計または過充てん防止装置のどちらかをつけなければならない。

ニ．貯蔵能力1000kgの地下埋設型バルク貯槽を，その貯槽の頂部が地盤面の下50cmの位置になるように工事した。

 (1)　イ，ハ

 (2)　イ，ニ

 (3)　ロ，ハ

 (4)　ロ，ニ

 (5)　ニ

問2．バルク供給方式の設備等に関する次の記述のうち，正しいものはどれか。

イ．貯蔵能力1000kgの地下埋設型バルク貯槽に，電気防食を施した。

ロ．バルク貯槽の安全弁の法定定期点検を，設置後10年目に実施した。

ハ．バルク貯槽の安全弁の元弁には，連結弁方式と手動弁方式とがある。

ニ．バルク貯槽の設置方式として，地上設置型と地下埋設型とがある。

 (1)　イ，ロ，ハ

 (2)　イ，ロ，ニ

 (3)　イ，ハ，ニ

 (4)　イ，ニ

 (5)　ロ，ハ，ニ

問3．特定供給設備に関する次のイ，ロ，ハ，ニのうち，正しいものはどれか。

イ．貯蔵能力1000kgのバルク貯槽は，特定供給設備となる。

ロ．供給設備のうち，二段式一次用調整器の下流に設けた二段式二次調整器は，特定供給設備に含まれる。

ハ．特定供給設備の変更の場合，消火器を変更するケースも許可の申請が必要である。

ニ．貯蔵能力 3000 kg のバルク貯槽は，消火器の他に定められた水量を保有する散水設備または消火栓などの防火設備を設ける必要がある。

 (1) イ，ロ，ハ

 (2) イ，ロ，ニ

 (3) イ，ハ

 (4) イ，ニ

 (5) ロ，ハ，ニ

解答・解説

問1. 正解 ⑵ イ，ニ

解説

イ．（正）新型バルクローリ（充てん設備）には，誤発進防止装置，自動停止装置，緊急停止スイッチなどが設けられています。

ロ．（誤）バルク貯槽への LP ガス充てん作業は，資格がない者は行うことができません。

ハ．（誤）バルク貯槽には，液面計または過充てん防止装置のどちらかではなくて，両方をつけなければなりません。

ニ．（正）貯蔵能力 1000 kg の地下埋設型バルク貯槽を，その貯槽の頂部が地盤面の下 50 cm の位置になるように工事することは適切です。3000 kg 未満の地下埋設型バルク貯槽の頂部は，地盤面の下 30 cm より下の位置でなければなりません。

問2. 正解 ⑶ イ，ハ，ニ

解説

イ．（正）貯蔵能力 1000 kg の地下埋設型バルク貯槽に，電気防食を施すことは妥当です。

ロ．（誤）バルク貯槽に設置された安全弁の法定定期点検は，設置後 10 年目では遅すぎます。5 年に 1 回以上は実施する必要があります。

ハ．（正）バルク貯槽の安全弁元弁には，連結弁方式と手動弁方式とがあります。

ニ．（正）バルク貯槽の設置方式として，地上設置型と地下埋設型とがあります。

問3. 正解 ⑷ イ，ニ

解説

イ．（正）貯蔵能力 1000 kg のバルク貯槽は，特定供給設備となります。1000 kg 以上の場合に，特定供給設備の許可を要します。

ロ．（誤）これは誤りです。供給設備のうち，調整器までの上流部分が特定供給設備に当たり，その調整器は，貯蔵設備に近接するものに限るとされ

ています。

ハ．（誤）特定供給設備の変更の場合，消火器を変更するケースは，設備の
軽微な変更に当たりますので，許可の申請は不要です。

ニ．（正）貯蔵能力 3000 kg のバルク貯槽は，消火器の他に定められた水量
を保有する散水設備または消火栓などの防火設備を設ける必要がありま
す。

第10章
工業用消費設備

重要度C

第1節　工業用消費の特徴

■工業用・家庭用・業務用の特徴比較

区　分	規制する法律	管理・調査・指導する義務		使用の特徴
		販売側	消費側	
工業用	高圧ガス保安法	関連法令の内容や維持管理方法の指導 [1]	貯蔵設備から燃焼器までの管理	長時間の連続使用
家庭用・業務用	液化石油ガス法	供給設備と消費設備の定期的調査の義務 [2]	特になし	短時間の使用

　1）高圧ガス保安法においては，販売側業者を「販売業者」という。
　2）液化石油ガス法においては，販売側業者を「液化石油ガス販売事業者」という。

■工業用消費設備の一般的構成

① 　貯蔵設備：50 kg 型または 500 kg 型容器，貯槽，従来型バルク容器
② 　蒸発器など：ベーパライザまたはベーパライザミキサおよびサージタンク
③ 　調整設備：調整器または自動切替式調整器
④ 　燃焼装置：用途の多様性のため，種類が多い
⑤ 　配管その他

■LP ガスの工業用途の概要

農・水産業	農業生産品や海産物の乾燥などの燃料
食品加工	食品の二次加工に使用する燃料
繊維工業	繊維の加工に使用する燃料
塗装乾燥	各種加工品の塗装の乾燥に使用する燃料
表面処理	金属の防錆熱処理用等に使用する燃料
樹脂加工	樹脂の溶融用あるいは成形加工用に使用する燃料
窯業	ガラス・陶磁器などの溶融・焼成・絵付けなどの燃料
非鉄金属加工	非鉄金属の溶融・加熱用の燃料
鉄鋼加工	鉄鋼の製造・熱処理・加工用の燃料
機械金属加工	機器器具の製作加工に使用する燃料
有害物処理	可燃有害物の焼却処理用の燃料
雰囲気ガス発生	各種雰囲気ガスの製造用燃料
動力	動力用の燃料（ボイラ，ガスエンジンその他）
自動車	車両用の燃料
その他	都市ガス原料，化学工業用，電力用，他

第2節 工業用消費設備の様式

■貯蔵設備の規模と形態

小規模 （3トン未満）	一般に次の形態がある ① 貯槽，バルク貯槽または従来型バルク容器を設置し，従来型バルクローリ（移動式製造設備）によりLPガスを受け入れる形⇒消費者が「保安責任者」を選任する義務あり，販売業者はその教育をすること ② 500 kg型容器を設置し，容器は交換方式の形 ③ 50 kg型容器（多くはサイフォン管付）を有し，容器は交換方式の形
中規模 （3トン以上）	一般に次の形態がある ① 貯槽を設置し，従来型タンクローリ（移動式製造設備）によりLPガスを受け入れる ② 500 kg型容器を設置し，容器は交換方式の形 ③ 50 kg型容器（多くはサイフォン管付）を有し，容器は交換方式の形 　　これらは，規模により，特定高圧ガス消費者[1]としての手続き，および，第一種製造者[2]としての手続きが必要になる
大規模	規模により，特定高圧ガス消費者としての手続き，および，第一種製造者としての手続きが必要になる

1）3トン以上の貯蔵で工業用燃料消費するもの，および，10トン以上の貯蔵で一般消費者等（業務の用に供する者）は，高圧ガス保安法における特定高圧ガス消費者として都道府県知事に届出が必要（開始の日の20日前まで）。また，貯蔵設備の手続きが必要。

第一種貯蔵所（10トン以上）	都道府県知事の許可
第二種貯蔵所（3トン以上10トン未満）	都道府県知事への届出

2）高圧ガス保安法の第一種製造者に該当する場合は，都道府県知事の製造許可と保安係員などの届出ならびに特定高圧ガス消費者の届出が必要。

■貯蔵所とガスの種類（10 kg をもって容積 1 m³ とみなすという規定あり）

ガスの区分	第一種貯蔵所	第二種貯蔵所
第一種ガス [1]	3000 m³ 以上 （30000 kg 以上）	300 m³ 以上 3000 m³ 未満 （3000 kg 以上 30000 kg 未満）
第二種ガス [2]	1000 m³ 以上 （10000 kg 以上）	300 m³ 以上 1000 m³ 未満 （3000 kg 以上 10000 kg 未満）

1）第一種ガス：ヘリウム，ネオン，アルゴン，クリプトン，キセノン，ラドン，窒素，二酸化炭素，フルオロカーボン，空気

2）第二種ガス：第一種ガス以外のもの。

第3節　蒸発器

■蒸発器（気化装置，気化器，ベーパライザ）の概要

強制気化方式に用いるもので，熱交換器による気化を行う。熱交換器内部の気化ガスを 1 MPa 未満にする機構を熱交換器入口側に設けた蒸発器を「消費型蒸発器」という。

気化の熱源による各種方式

・電気式温水加温方式
・温水加温循環方式
・空温式（大気温を利用）
・電気式金属加温方式（熱容量式）

■強制気化方式の利点（自然気化方式に比して）

① 寒冷地においても，LP ガスの組成に関わらず，蒸発器の能力範囲内で必要な量の気化を行える。

② 蒸発器に供給した全量を気化できるので，ガス組成が均一に供給できるため，発熱量も均一にできる。（自然気化方式では，混合ガスの場合には，気化するガス組成は必ずしも一定でない）。

③ 蒸発器の能力範囲内では，消費量が変化しても必要な量の気化が行われ，供給圧力の変動が少ない。

④ 気化する量は蒸発器の能力に依存するため，容器の大小や本数の違いによらず一定であるので，容器本数を減らしてスペースの節約になる。

■消費型蒸発器の構成（業務用施設などで広く普及している）

① 熱交換器（熱交換によって LP ガスを気化させる）

② 温水槽（気化に必要な熱媒である温水の貯槽）

③ サーモバルブ（熱媒の温度低下を検知し，液状 LP ガスの流出を防ぐ）

④ 気化圧力調整弁（気化圧力を 1 MPa 未満にするため熱交換器入口側に設置）

⑤ 安全弁（蒸発器内部の圧力が設計圧力以上になることを防止）

⑥ 温度制御スイッチ（熱媒温度を規定の範囲内に制御するスイッチ）

⑦ 過熱防止スイッチ（熱媒温度の異常上昇を捉え，通電停止するスイッチ）

⑧　圧力調整器（気化圧力を消費機器に適合した圧力に減圧する装置）

■停電等の異常事態における LP ガス供給の維持

　そのような事態への備えとして，以下のような自然気化方式を併設することがある。それらを自動的に切り替えられるようにしておく。通常 1 時間以上の供給が必要である。

①　貯蔵設備が容器である場合，自然気化方式が可能なように，予備容器群を設ける。

②　貯蔵設備が貯槽またはバルク貯槽である場合，貯槽またはバルク貯槽の気相部から自然気化により供給できる管を設ける。

■LP ガスの再液化（ブタンが多いと特に寒冷地で気化しても再液化しやすい）

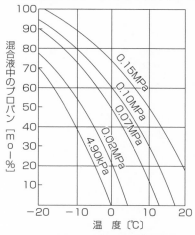

グラフの線の左下が液体状態なんだね

図　プロパン－ブタン混合液の気液平衡

■ダイリュートガス供給（気化した LP ガスに空気を混合して供給する方式）

①　一般に LP ガスの爆発上限界を超える爆発限界外において，LP ガスと空気を一定割合で混合することで再液化を防ぐ。

②　ダイリュートガスの発熱量は，混合空気の体積比が a であったとすると，$128/(1+a)$［MJ/m³］になる。

③　空気により希釈されているので，比重も空気に近くなり，無風状態でなければ，万一漏洩してもガスの滞留のおそれは減少する。

■ベーパライザミキサ（あるいは，単にミキサ）

　蒸発器出口の LP ガスに空気を混合する装置。方式として以下のものがある。

① 　ベンチュリ管式（エゼクタ式）

② 　ブロワ式

③ 　流量比例制御式

第4節 燃焼装置

■気体燃料の燃焼装置の特徴（液体燃料燃焼器と対比して）

① 燃焼装置の進歩で，燃焼範囲[1]が広くなり，精密な温度調整や雰囲気調整が容易となり，さらには，自動温度調節の技術も進み，精度の高い自動温度制御が可能になっている。

② 空気との混合において，ブラストバーナ（強制混合式のバーナ）などの使用でスムーズに混合が行われ，高負荷燃焼が容易に可能。

③ 加熱速度を速めることができるため，ガス炉では電気炉などに比較して数倍の急速加熱が可能である。

④ 安全装置として，異常検知時に自動作動するものや，操作者による不意な動作で事故が起きないように機械動作ができないようにするものもある。インターロックとして，誤操作や確認不足による不正手順の操作がないようにするものもある。

高燃焼インターロック （ハイファイヤーインターロック）	バーナの燃焼用空気ダンパや空気比例弁が，最大燃焼時の位置にあることを確認するインターロックで，駆動用モータやダンパにスイッチを取り付け，高燃焼位置確認に使用する
低燃焼インターロック （ローファイヤーインターロック）	メインバーナ点火時に燃焼範囲の最小燃焼位置で点火させる際に使用するバーナの燃焼用空気ダンパや空気比例弁が，最小燃焼位置にあることを確認するインターロックで，駆動用モータやダンパ等にスイッチを取り付け，低燃焼位置確認に使用

⑤ パージとは，ガス炉などで炉の内部に残留する可燃性ガスなどを系外に排出することをいう。点火時に，未燃ガスが残っていると危険なこともある。

プレパージ	点火前に，炉内から滞留ガスを排除すること
ポストパージ	燃焼の停止後に，炉内から滞留ガスを排除すること

⑥ その他，火災監視装置，燃焼監視装置，消炎キャッチ安全装置などがある。

問 1. LP ガスの工業用消費に関する次の記述のうち，正しいものはどれか。

イ．農業用ビニルハウスの保温用熱源として LP ガスを供給する場合は，工業用用途とはみなされない。

ロ．蒸発器は，機能としては気化装置であり，液体の LP ガスを加熱して気化させる装置である。

ハ．3 トン以上 10 トン未満の貯蔵設備を有する場合は，第二種貯蔵所に該当し，特定高圧ガス消費者として都道府県知事への届出が必要である。

ニ．10 トン以上の貯蔵設備を有する場合は，第一種貯蔵所に該当し，特定高圧ガス消費者として都道府県知事の許可が必要である。

(1) イ，ハ

(2) イ，ニ

(3) ロ，ハ

(4) ロ，ニ

(5) ロ，ハ，ニ

問 2. LP ガスの工業用消費に関する次の記述のうち，正しいものはどれか。

イ．異常状態による失火あるいは消炎を検知して，ガス供給を遮断する安全装置を設けてガス炉を運転した。

ロ．多くのガス炉では，着火操作に入る前に炉内をプレパージするための自動化機構が設けられ，点火時の爆発事故を防いでいる。

ハ．熱交換器の気化ガスの圧力を 1 MPa 未満に抑える機構を熱交換器入口側に設け，所定の認定を受けた蒸発器を消費型蒸発器といっている。

ニ．蒸発器において，LP ガスを加温する熱媒は，温水のみが用いられる。

(1) イ，ロ，ハ

(2) イ，ロ，ニ

(3) イ，ハ

(4) イ，ニ

(5) ハ，ニ

問1. 正解　(5)　ロ，ハ，ニ

解説

イ．（誤）農業用ビニルハウスの保温用熱源として LP ガスを供給する場合も，工業用用途とみなされます。

ロ．（正）蒸発器は，機能としては気化装置であり，液体の LP ガスを加熱して気化させる装置です。

ハ．（正）3 トン以上 10 トン未満の貯蔵設備を有する場合は，第二種貯蔵所に該当し，特定高圧ガス消費者として都道府県知事への届出が必要です。

ニ．（正）10 トン以上の貯蔵設備を有する場合は，第一種貯蔵所に該当し，特定高圧ガス消費者として都道府県知事の許可が必要です。

問2. 正解　(1)　イ，ロ，ハ

解説

イ．（正）異常状態による失火あるいは消炎を検知して，ガス供給を遮断する安全装置を設けてガス炉を運転することは適切です。

ロ．（正）多くのガス炉では，着火操作に入る前に炉内をプレパージするための自動化機構が設けられ，点火時の爆発事故を防いでいます。

ハ．（正）熱交換器の気化ガスの圧力を 1 MPa 未満に抑える機構を熱交換器入口側に設け，所定の認定を受けた蒸発器を消費型蒸発器といっています。

ニ．（誤）蒸発器において，LP ガスを加温する熱媒としては，温水のみが用いられるわけではなく，電気ヒータ方式もあり，大気温を利用する空温方式もあります。

第11章
販売方法

重要度A

第1節　液化石油ガス法関係

■一般消費者等にガス販売業者が交付する書面の記載内容

① 　LP ガスの種類

② 　LP ガスの引渡しの方法

③ 　供給設備および消費設備の管理の方法

④ 　調査の方法および周知の方法

⑤ 　保安業務を行う保安機関 [1] の氏名または名称，住所および連絡方法

⑥ 　一般消費者等が LP ガスを消費する場合の LP ガス販売事業者および保安機関の責任に関する事項

⑦ 　LP ガスを消費する場合の一般消費者等の責任に関する事項

⑧ 　LP ガスの計量の方法

⑨ 　質量販売ができる場合の質量により販売した LP ガスであって消費されないものの引取りの方法

⑩ 　LP ガスの価格の算定方法に関する事項

⑪ 　消費設備および供給設備の所有関係

⑫ 　供給設備および消費設備の設置，変更，修繕および撤去に要する費用の負担の方法

⑬ 　LP ガス販売事業者の所有する消費設備を一般消費者等が利用する場合の費用およびその徴収方法

⑭ 　消費設備に係る配管の所有権を一般消費者等に移転する場合の清算方法

＊1）保安業務を行う保安機関は，経済産業大臣が認可する機関

■販売の方法の基準（容器関係）

① 　充てん容器を，供給管等（供給管もしくは配管または集合装置をいう）に接続する時は，外面に容器の使用上支障のある腐食，割れ，すじ，しわなどがなく，かつ，LP ガスが漏洩していないものをもってすること。

② 　充てん容器を供給管等に接続する時は，容器に表示されている充てん期間を 6 ヶ月以上経過していないものであること。充てん期間の表示のないものは接続しないこと。

③ 　充てん容器は LP ガス販売事業者側で供給管等に接続すること。ただし，屋外において移動して使用される消費設備により LP ガスを消費する

消費者に販売する場合，または調整器が接続された内容積 8 L（3 kg 型容器）以下の容器に充てんされた LP ガスを販売する場合，内容積が 25 L 以下の容器であって，カップリング付容器用弁を有するものに充てんされた LP ガスを販売する場合はこの限りでない。

④　容器交換をする時は，LP ガスの供給が中断して使用中の燃焼器からガス漏れすることのないようにしなければならない。自動切替式調整器などの切替装置を設けて，ガスの供給を中断せずに容器交換できる場合を除き，その他の場合は次のような措置をする。

1）全ての末端ガス栓（燃焼器に一番近い配管上のガス栓）が閉止されているのを確認するか，自ら閉止する。

2）消費者が不在などで上記(1)の措置ができない場合は，容器交換をした後，容器バルブは閉じておき，「消費者が末端ガス栓の閉止を確認した上でなければ容器バルブを開いてはならない」旨を記載した文書を容器バルブに取り付けておくこと。

⑤　充てん容器を供給管等に接続するために供給管等から取り外した残ガス容器は，容器バルブを確実に閉じ，販売所などに持ち帰る。

■販売の方法の基準（既設の供給管，配管または集合装置の変更・修理）

①　修理の作業計画の作成および作業責任者の決定：LP ガス販売事業者は，あらかじめ，その修理の作業内容，日程，責任者その他作業担当区分，指揮系統，保安上の措置，必要資材などを定めた作業計画を作成し，定めた責任者および関係者に周知させなければならない。

②　修理の作業計画に従い，責任者の監督下での作業実施：LP ガス販売事業者は，作業担当者に対して作業計画に従い，かつ，責任者の監督下で作業を実施するよう，また，責任者に対し作業の実施を実地に監督するよう指示しなければならない。

③　修理後の LP ガス設備の再使用：修理が終了した時は，その供給管等から LP ガスの漏洩がないことを確認した後でなければ消費者に LP ガス供給設備を使用させてはならない。

■販売の方法の基準（貯蔵施設関係）

①　容器は，充てん容器と残ガス容器にそれぞれ区分して貯蔵施設に置くこと。

②　貯蔵施設には，充てん容器等および計量器など作業に必要な物以外を置

かないこと。

③　貯蔵施設の周囲 2 m 以内には，火気または引火性もしくは発火性（例えば石油類を含み薪炭類は含まない）の物を置かないこと。ただし，貯蔵施設に厚さ 9 cm 以上の鉄筋コンクリート造りまたはこれと同等以上の強度を有する構造の障壁を設けた場合は，この限りでない。

④　貯蔵施設に置かれる充てん容器等は，常に 40℃ 以下に保つこと。屋根を設け，夏期において日光の直射を長時間受けないようにする。日光以外の熱源によって，容器が 40℃ を超えて加熱されるおそれのある場合は，不燃性の隔壁を熱源と容器の間に設けること。

⑤　貯蔵施設に置かれる充てん容器等（内容積 5 L 以下のものを除く）には，転落，転倒防止措置を講ずること。そのために次の措置をすること。

　1）水平で，かつ，上から物が落ちる恐れがない場所に置くこと。

　2）固定プロテクターのない容器にあっては，キャップを施すこと。

　3）10 kg 型容器は原則として 2 段積以下とし，やむを得ず 3 段積にする時は，ロープなどにより緊縛すること。

⑥　貯蔵施設には，携帯電灯（燈）以外の灯火（燈火）を携えて入らないこと。

⑦　その他，貯蔵施設の概要および貯蔵施設不要の要件については p.161 **貯蔵施設**参照。

■販売の方法の基準（供給・取引関係）

①　LP ガス販売事業者の所有する消費設備を一般消費者等が使用する場合は，LP ガスの供給開始時までに，当該消費設備が LP ガス販売事業者の所有する設備であることを当該一般消費者等に確認すること。

②　LP ガスの引渡しは一般消費者等の継続的消費に支障を生じないように遅滞なくすること。

③　LP ガスは原則としてガスメーター（体積）により販売すること。質量販売できる場合については p.172（戸別供給方式）を参照。

④　質量により販売した LP ガスであって消費されていないものは，消費者の不在その他やむを得ない事情がある場合を除き，消費者の立会いの下に質量を計り，その質量に応じた適正な価格で引き取ること。

⑤　新たに一般消費者等に LP ガスを供給する場合において，他の LP ガス販売事業者の所有する供給設備が既に設置されている時は，当該販売事業者に対しての解除の申し出があってから相当期間が経過するまでは，当該

供給設備を撤去しないこと。

⑥　一般消費者等からLPガス販売契約の解除の申し出があった場合において，当該一般消費者等から要求があった場合には，正当な事由がある場合を除き，LPガス販売事業者はその所有する供給設備を遅滞なく撤去すること。

⑦　一般消費者等からLPガス販売契約の解除の申し出があった場合において，消費設備に係る配管であってLPガス販売事業者が所有するものについては，やむを得ない場合を除き，適正な対価で一般消費者等に所有権を移転すること。

■販売契約締結時に交付する書面記載事項

1．LPガス販売事業者及び保安機関　　2．一般消費者等の責任
3．LPガスの計量方法　　　　　　　4．質量販売の場合の取引方法
5．価格算定の方法　　　　　　　　6．供給・消費設備の所有関係
7．設備の設置・変更・修理撤去の費用負担
8．事業者の所有する場合の消費者の費用負担
9．消費設備に係る配管の所有権移転時の清算方法
10．保安機関の名称・住所・連絡方法

■供給設備の点検・消費設備の調査ができる者

資格などの種類	点検		調査
	バルク供給以外の供給設備	バルク供給に係る供給設備	消費設備
液化石油ガス設備士	○	○	○
製造保安責任者免状の交付を受けている者	○	○	○
販売主任者免状の交付を受けている者	○	○	○
業務主任者の代理者の資格を有する者	○	○	○
充てん作業者	○	○	×
保安業務員	○	○	○
調査員	○	×	○

（注）点検および調査頻度は，ケースにより，対象項目により，供給開始時，毎月，容器交換時，6月，1年，2年，4年などがある。

■業務主任者の職務

① 指定登録事項変更時の届出の監督
② 書面の作成及び作成指導
③ 販売の方法が液化石油ガス法の基準に適合されるように監督
④ 貯蔵施設が液化石油ガス法の基準に適合されるように監督
⑤ 供給設備が液化石油ガス法の基準に適合されるように監督
⑥ 保安教育の計画立案，実施又はその監督
⑦ 保安業務の実施及びその結果の確認
⑧ 貯蔵施設又は特定供給設備の監督（無許可変更等）
⑨ 充てん設備（民生用バルクローリ）の監督（無許可変更等）
⑩ 帳簿の記載及び報告の内容について監督

■業務主任者およびその代理者について

・LPガス販売事業者は，販売する一般消費者等の数が1000未満の販売所に1人，1000以上の場合に2000を増すごとに1人以上の（販売実務経験6ヶ月以上の者より）業務主任者を選任する必要がある。また，一般消費者等の数にかかわらず1人の業務主任者の代理者を（販売実務経験6ヶ月以上の者より）選任する必要がある。

一般消費者等の数	選任すべき業務主任者の数	代理者の数
1000 未満	1 人以上	1 人
1000 以上 2000 未満	2 人以上	1 人
2000 以上 4000 未満	3 人以上	1 人
以下同様		

・業務主任者は，第二種販売主任者免状の交付を受けた年度の翌年度の開始の日（4月1日）から3年以内に「第一回の講習」を受けなければならならず，第一回の講習の後その翌年度の開始の日（4月1日）から5年以内に第二回の講習を受けること，以下第3回以降も同様。
・業務主任者が選任された日が，前2項の期間が経過しているか，選任した日から前2項の期間が経過するまでの期間が6ヶ月未満の場合には，前2項にかかわらず選任の日から6ヶ月以内に講習を受ける必要がある。

■質量販売が可能な場合（原則は体積販売だが，所定条件を満たせば可能）

① 屋外において移動して消費する場合。

 1）屋台（ラーメン，ハンバーガー，ホットドッグ，焼き芋など）。

 2）催事場（学園祭，運動会，お祭りなどの模擬店）。

 3）露店（綿菓子，たこ焼き，焼き鳥など）。

 4）キャンプの炊事，バーベキューなど。

② 内容積 20 L 以下の容器（8 kg 型容器など）により消費する場合。

 1）調整器を接続した内容積 8 L 以下の容器（2 kg 型容器，3 kg 型容器）で消費（料理飲食店，宴会場など）。

 2）内容積 20 L 以下の容器（8 kg 型容器など）を配管に接続して消費（工事事務所，臨時的な少量消費先など）。

③ 内容積 25 L 以下の容器（カップリング付容器用弁を有する 10 kg 型容器など）。

④ 販売契約の締結日から 1 年以内に取引が停止することが明らかで，登録行政庁が認めた消費の場合。

⑤ 高圧ガス保安法の適用を受ける販売と不可分な場合。

⑥ 経済産業大臣が配管に接続することなく充てん容器を引き渡すことを認めた消費の場合（山小屋などに係る規則第 17 条に規定する特則承認）。

⑦ 災害救助法第 23 条により供与された応急仮設住宅で消費する場合。

■周知の義務（LP ガス販売事業者（保安機関）から一般消費者等に）

① 使用する燃焼器の LP ガスに対する適応性に関する事項。

② 消費設備の管理および点検に関し注意すべき基本的な事項。

③ 燃焼器を使用する場所の環境および換気に関する事項。

④ 一般消費者等が消費設備の変更の工事をする場合の LP ガス販売事業者に対する連絡に関する事項。

⑤ ガス漏れを感知した場合その他 LP ガスによる災害が発生し，または発生するおそれがある場合に一般消費者等のとるべき緊急措置および LP ガス販売事業者または保安機関に対する連絡に関する事項。

⑥ ①〜⑤に掲げるもののほか，LP ガスによる災害の防止に関し必要な事項。

■圧力検知装置がある場合の調整器関係圧力の確認の代替（以下の時，代替可能）

① マイコンメーター S，SB などの設置時に行う点検と調査

  1）マイコンメーター S，SB などと燃焼器入口との間で，燃焼器に点火した場合の供給圧力差を測定し，使用中の調整器が生活の用に供するものの場合にあっては，単段式の場合，その差圧が 0.3 kPa 以内であることおよび燃焼器入口の圧力が 2.0 kPa 以上であり，かつ，燃焼状態が良好であることを確認すること。また，使用中の調整器が生活の用に供する以外のものの場合にあっては，その調整器，燃焼器に適合したものであることを確認すること。

  2）マイコンメーター S，SB など，供給設備（容器および高圧部に用いる管などを除く）および消費設備を変更（同一のものとの取替えを除く）した場合にも(1)の測定をすること。

  3）1）の測定を行った時は，測定者，測定日，測定値について記載した関係帳票などを(2)の変更があるまで，またはマイコンメーター S，SB などの設置を中止するまで保管すること。

② 調整圧力および閉そく圧力の確認

  1）2ヶ月に1回以上圧力検知装置の警報表示の有無を確認する。

  2）警報表示があった場合は必要な措置を講じる。

  3）確認結果および講じた措置内容などを記載した関係帳票を1年間保管する。

  4）4年に1回の点検・調査にあたっては，実施期間内の最終の警報表示の確認結果により所要の措置を講じる。

■漏洩検知設備がある場合の供給管・配管漏洩試験の代替（以下の時，代替可能）

① 2ヶ月に1回以上漏洩検知装置の警報表示の有無を確認する。

② 警報表示があった場合は必要な措置を講じる。

③ 確認結果および講じた措置内容などを記載した関係帳票を1年間保管する。

④ 4年に1回の点検・調査にあたっては，実施期間内の最終の警報表示の確認結果により所要の措置を講じる。

■帳簿に記載すべき場合

① LP ガスを体積により消費者に販売した場合。

② LPガスを質量により消費者に販売した場合。

③ 販売したLPガスであって消費されないものを一般消費者等から引き取った場合。

④ 書面の交付を行った場合。

⑤ 保安業務を行った場合（保安機関に点検・調査業務などを委託した場合を含む）。

1) 供給開始時点検・調査を行った場合。

2) 容器交換時等供給設備点検を行った場合。

3) 定期供給設備点検を行った場合。

4) 定期消費設備調査を行った場合。

5) 周知を行った場合。

6) 緊急時対応を行った場合。

7) 緊急時連絡を行った場合。

8) 液化石油ガス法第34条ただし書き規定により(3)(4)を行わなかった場合。

⑥ 貯蔵施設または特定供給設備に異常があった場合。

第2節　高圧ガス保安法関係

■周知の義務

① 使用する消費設備の LP ガスに対する適応性に関する基本的な事項。

② 消費設備の操作，管理および点検に関し注意すべき基本的な事項。

③ 消費設備を使用する場所の環境に関する基本的な事項。

④ 消費設備の変更に関し注意すべき基本的な事項。

⑤ ガス漏れを感知した場合その他 LP ガスによる災害が発生し，または発生する恐れがある場合に消費者のとるべき緊急の措置および販売業者などに対する連絡に関する基本的な事項。

⑥ 前各号に掲げるもののほか，LP ガスによる災害の防止に関し必要な事項。

■高圧ガス保安法が適用される小型容器による質量販売の主な用途

・窯業，陶芸用（趣味のものを含む）	・農業用（茶葉・たばこの乾燥など）
・水産用（干物・乾物など）	・酪農用（ひよこ・子豚の暖房など）
・かがり火　　　　・熱気球　　　　　　・ボイラー点火用	
・野焼き（雑草の焼却）・歯科技工　　　・小型発電機用燃料	
・土の殺菌・改良など　　　・溶接，溶断（熱切断）	
・フォークリフトなど車両燃料	

■販売業者に係る技術上の基準（容器関係）

① 充てん容器の引渡しは，容器の外面に使用上支障のある腐食，割れ，すじ，しわなどがなく，かつ，LP ガスが漏洩していないものをもってすること。

② 充てん容器の引渡しは，充てん期間を 6 ヶ月以上経過していないものであること。

③ LP ガスを燃料の用（農業用など）として販売する時は，消費設備が次の基準に適合していることを確認した後にすること。

　1) 内容積が 20 L 以上の充てん容器等には，告示で定める場合を除き，当該容器を置く位置から 2 m 以内にある火気をさえぎる措置を講じ，かつ，屋外に置くこと。

2）充てん容器等（スカートを含む）には，湿気，水滴などによる腐食を防止する措置を講ずること。

3）充てん容器等は，常に温度 40℃ 以下に保つこと。

4）充てん容器等（内容積が 5 L 以下のものを除く）には，転落，転倒などによる衝撃を防止する措置を講ずること。

5）所定の耐圧性能・気密性能を有する調整器，管を設けること。

6）ホースなどを使用する場合は，ホースバンドまたは継手を用いることにより確実に接続すること。

■販売業者に係る技術上の基準（帳簿など）

① LP ガスの引渡先の保安状況を明記した台帳を備えること。

② LP ガスを燃料の用（農業用など）として販売する販売業者は，気密試験のための器具を備えること。

③ 販売所ごとに，充てん容器の種類・数，販売年月日，販売先，周知先，周知者および周知年月日を記載した帳簿を備えること。

実戦問題

問1. LPガスの販売方法について，次の記述のうち，正しいものはどれか。

イ．LPガスの販売方法としては，体積販売および質量販売とがある。

ロ．体積販売における消費設備の範囲としては，ガス容器から配管および燃焼器までが含まれる。

ハ．質量販売における供給設備は，基本的にない。

ニ．貯蔵施設内に，充てん容器と残ガス容器に加え，作業に必要な計量器を置くことは差し支えない。

(1) イ，ハ

(2) イ，ニ

(3) ロ，ハ

(4) ロ，ニ

(5) イ，ハ，ニ

問2. LPガスの販売方法について，次の記述のうち，正しいものはどれか。

イ．家庭用LPガス設備の形態としては，容器1本立て設置，連結用高圧ホースを用いる容器2本立て設置，また，自動切替式一体型調整器を用いる容器2本立て設置などがある。

ロ．kWベースでの容器設置本数の算定法としては，次式による。

最大ガス消費量（戸別）[kW] ＝燃焼器の合計消費量 [kW]

$$容器設置本数＝\frac{最大ガス消費量（戸別）[kW]}{標準ガス発生能力[kg/(h・本)]×14}$$

ハ．調整器の調整圧力は，単段式調整器の場合は 2.55 kPa~3.3 kPa に，自動切替式一体型調整器等の場合には 2.3 kPa~3.3 kPa に調整する。

ニ．硬質管の寸法取り，または，ねじ切り作業は，液化石油ガス設備士でなければしてはならない作業である。

(1) イ，ロ，ハ

(2) イ，ロ，ニ

(3) イ，ハ

(4) イ，ニ

(5) ロ，ハ，ニ

解答・解説

問 1. 正解 ⑸ イ，ハ，ニ

解説

イ．（正）LP ガスの販売方法としては，体積販売および質量販売とがあります。

ロ．（誤）体積販売における消費設備の範囲としては，ガス容器から配管および燃焼器までではなくて，ガスメーター以降の配管から燃焼器までが該当します。

ハ．（正）質量販売における供給設備は，充てん容器を消費者側に引き渡しますので基本的に供給する設備という形はありません。

ニ．（正）貯蔵施設内に，充てん容器と残ガス容器に加え，作業に必要な計量器を置くことは差し支えありません。

問 2. 正解 ⑵ イ，ロ，ニ

解説

イ．（正）家庭用 LP ガス設備の形態としては，容器 1 本立て設置，連結用高圧ホースを用いる容器 2 本立て設置，また，自動切替式一体型調整器を用いる容器 2 本立て設置などがあります。

ロ．（正）記述の通りです。次式によって計算します。

$$最大ガス消費量（戸別）[kW] = 燃焼器の合計消費量 [kW]$$

$$容器設置本数 = \frac{最大ガス消費量（戸別）[kW]}{標準ガス発生能力[kg/(h・本)] \times 14}$$

ハ．（誤）範囲の初めの数値が逆になっています。調整器の調整圧力は，単段式調整器の場合は 2.3 kPa~3.3 kPa に，自動切替式一体型調整器等の場合に 2.55 kPa~3.3 kPa に調整します。

ニ．（正）硬質管の寸法取り，または，ねじ切り作業は，液化石油ガス設備士でなければしてはならない作業です。

第12章
移　　動

重要度C

第1節　LPガスの移動

■LPガスの移動形態

① 車両に固定した容器（タンクローリ）で運送する場合（ローリ輸送）

② 容器（シリンダ）をトラックなどに積んで運送する場合（バラ積み輸送）

③ 導管により輸送する場合（導管供給）

④ 鉄道車両に固定した容器（タンク車）で輸送する場合（タンク車輸送）

⑤ 船舶に固定した容器で輸送する場合（タンカー輸送）

■ローリ輸送における基準

① 移動の開始前後には，容器からのガスの漏洩など異常の有無を次の基準
により移動監視者（移動監視者の同乗を要しない場合は運転者）が目視な
どにより点検するものとする。

1）移動開始時の点検

イ．緊急遮断装置およびLPガスの取出しまたは受入れに用いるバルブ
（Y形弁，ボール弁など）が閉止されていること。

ロ．ローディングアームなどから充てんホースの接続口にキャップが装
着されていること。

ハ．容器，安全弁，スリップチューブなどの附属品からLPガスの漏洩
がないこと。

ニ．高さ検知棒（運転室上部に設置）に損傷がないこと。

ホ．携行する用具，資材などが整備されていること。

2）移動終了時の点検

イ．バルブなどのハンドルのゆるみがないこと。

ロ．高さ検知棒および容器の下部に設けた附属配管などに損傷がないこと。

ハ．附属品などの締付けボルトのゆるみがないこと。

ニ．携行する用具，資材などの脱落，損傷などがないこと。

3）異常を発見した時は，次の措置を講ずるものとする。

イ．LPガスの漏洩に対しては，バルブの閉止，継手の増し締めなどの
措置を講ずること。この措置を講じた後においてもLPガスの漏洩が
止まらない場合は，容器内のLPガスを他の容器または貯槽に回収す
る措置を講ずること。

ロ．携行する用具，資材などが適切に整備されていない場合は，その程
　　　度に応じ当該用具，資材などの補充，補修または取替えを行うこと。
②　移動の開始時に消火器ならびに応急措置に必要な資材および工具が携行
　されていることを確認すること。
③　LPガスの積み下ろし作業以外で駐車する場合は，学校，病院などの第
　一種保安物件の近辺および住宅などの第二種保安物件が密集する地域を避
　け，かつ，交通量が少ない安全な場所を選ばなければならない。また，運
　転者などは，やむをえない場合を除き，タンクローリから離れないこと。
　同一場所に概ね2時間を超えて駐車してはならない。これは，高圧法の貯
　蔵関係の規定に違反するからである。概ね2時間を超えて同一場所に駐車
　していると，当該タンクローリ上の容器は貯蔵設備となり，その置かれて
　いる場所は「容器置場」となるからである。
④　質量3トン以上のLPガスを移動する時は，次の基準による。
　1）後述する「移動監視者」の資格をもつ者が運転し，または資格をもつ
　　者が同乗して移動について監視しなければならない。この場合，免状な
　　どを携帯しなければならない。
　2）移動途中に異常が発生した場合における荷送人への連絡方法，移動経
　　路の近辺の防災事業所への応援の求め方など必要な措置をあらかじめ講
　　じ，災害の発生または拡大の防止につとめること。
　3）繁華街または人ごみを避けて移動すること。
　4）運搬の経路，交通事情，自然条件その他の条件から判断して次のいず
　　れかに該当して移動する場合は，交替して運転させるため，LPガスを
　　移動する車両1台について運転者を2人充てること。
　　イ．1人の運転者による連続運転時間（1回が連続10分以上で，かつ，
　　　合計30分以上運転を中断することなく連続して運転する時間）が，4
　　　時間を超える場合。
　　ロ．1人の運転者による運転時間が，1日当たり9時間を超える場合。
⑤　LPガスを移動する時は，移動中の災害防止のために必要な注意事項を
　記載した書面（イエローカード）を運転者に渡し，移動中は常時携帯させ
　ること。

■バラ積みによる移動の基準

①　車両の前方および後方から見やすい箇所に「警戒標」が掲示してあること。

② 容器は常に 40℃ 以下に保つこと。

③ 50 kg 型容器などのようにバルブが突き出しているプロテクターのない容器には，必ずキャップ（容器キャップ）を取り付けること。

④ 車両の走行中に容器が転落・転倒し，容器バルブが損傷して発生する事故を防止するため次の措置を行うこと。

　1) 容器は立積みまたは斜め積みとし，10 kg 型以下の容器を除き，1段積みとすること。ただし，斜め積みの場合には安全弁の放出口を上に向け，容器の側面と車両の荷台との角度を 20 度以上とし，かつ，その角度を保持することができるものであること。

　2) 容器の荷くずれ，転落，転倒，車両の追突などによる衝撃およびバルブの損傷などを防止するため，原則として車両の荷台の前方に寄せ，ロープなどを使用して確実に緊縛し，かつ，当該容器の後面と車両の後バンパの後面との間に約 30 cm 以上の水平距離を保持するように積載すること。ただし，車両の側板の高さが積載した容器の高さの 2/3 以上となる場合であって，木わく，角材などを使用して容器を確実に固定することができ，かつ，車両の後部に厚さ 5 mm 以上，幅 100 mm 以上のバンパまたはこれと同等以上の効果を有する緩衝装置を設けた場合などはこの限りでない。

⑤ 車両の側板は正常な状態に閉じた上，確実に止金をかけること。

⑥ 積載容器の合計質量と充てんされた LP ガスの合計質量との和が，車両の最大積載量を超えて積載しないこと。

⑦ 容器を積み下ろしする時は，次のことに注意すること。

　1) 車両の車止めを確実にしてから行うこと。

　2) パワーゲート（テールリフト）を使用しないで荷下ろしをする時，ゴム製マットその他衝撃を緩和するものを用い，容器に衝撃を与えないように行う。

　3) 容器の胴部と車両との間に布製マットをはさむことなどにより，摩擦を防止し，かつ，容器にきず，へこみなどが生じないようにする。

　4) 容器に，キャップ（容器キャップ）またはプロテクターが確実に取り付けてあるかを確認する。

　5) 容器を地盤面上などで移動する時は，容器の胴部が地盤面に接しないようにして行う（LP ガス容器運搬台車を用いることが望ましい）。

　6) 容器を緊縛したロープ，荷締めベルトまたは車両の側板などを外す

時，容器が転落，転倒しないことを確認してから行う。

⑧　移動の開始前に消火器ならびに応急措置に必要な資材および工具が携行されていることを確認すること。

⑨　容器の積おろし作業以外で駐車する場合には，学校，病院などの第一種保安物件の近辺および住宅などの第二種保安物件が密集する地域を避け，かつ，交通量が少ない安全な場所を選ばなければならない。また，運転者は，やむを得ない場合を除き，車両から離れないこと（ローリ輸送における基準と同様の理由で，同一場所に概ね２時間を超えて駐車することはできない）。

⑩　積載容器に充てんされた LP ガスの合計量が３トン以上となる車両を移動する時は，ローリ輸送における基準と同様の基準による。

⑪　移動する時は，移動中の災害防止のために必要な注意事項を記載した書面（イエローカード）を運転者に渡し，移動中は常時携帯させること。なお，容器の内容積が 25 L 以下の充てん容器等のみを移動する場合で，その容器の内容積の合計が 50 L 以下の場合（レジャー用など）は①，⑧，⑨については高圧ガス保安法令の適用はなく，また，⑪についても，容器に移動時の注意事項を記載したラベルが貼付されている場合は，高圧ガス本法令の適用は受けない。

■混載の基準（LP ガスと消防法危険物の混載における基準）

①　以下，②の場合を除き，消防法第二条第７項に規定する危険物と混載できない。

②　混載できるものは，内容積 120 L 未満の充てん容器等（容器１本当たりの内容積）と消防法別表に掲げる第４類の危険物 [1] のみである。

＊1）第４類の危険物とは，以下のものをいう。
・特殊引火物（エーテル，二硫化炭素，コロジオンなど）
・第一石油類（アセトン，ガソリンなど）
・アルコール類（フーゼル油，変性アルコールを含む）
・第二石油類（灯油，軽油など）
・第三石油類（重油，クレオソート油など）
・第四石油類（ギヤ油，シリンダ油など）
・動植物油類（20℃ 大気圧において液状である動植物油類であって，不燃性容器に収納密栓され，かつ，貯蔵保管されている以外のもの）

■タンクローリ・トラックなどに表示すべきもの（警戒標）

① 車両の前方および後方から明瞭に見える場所に掲げること。

タンクローリ，大型トラックなど	車両の前部および後部の見やすい場所
小型の車両	両面標示のものを運転台の屋根の付近の見やすい場所

② 大きさ，色

　横寸法を車幅の 30% 以上，縦寸法を横寸法の 20% 以上の長方形とし，黒地の金属板に JIS K 5673「安全色彩蛍光塗料」の蛍光黄による文字で「高圧ガス」と記載したものを標準とする。ただし，正方形または正方形に近い形状のものを用いる場合には，その面積を 600 cm² 以上とすること。

■タンクローリ・トラックなどが携行すべきもの（消火設備）

① タンクローリが携行する消火設備は次表の消火器とし，速やかに使用できる位置に取り付けてあること。

消火器の種類		備付け個数
消火薬剤の種類	能力単位 [1]	
粉末消火剤	B−10 以上 [2]	車両の左右にそれぞれ 1 個以上

1）能力単位は「消火器の技術上の規格を定める省令」に基づく
2）B 用は油火災に適用するもの

② トラックなどが携行する消火設備は次表の消火器とし，速やかに使用できる位置に取り付けてあること。

移動するガス量による区分	消火器の種類		備付け個数
	消火薬剤の種類	能力単位	
1000 kg を超える場合	粉末消火剤	B−10 以上	2 個以上
150 kg を超え 1000 kg 以下の場合	粉末消火剤	B−10 以上	1 個以上
150 kg 以下の場合	粉末消火剤	B−3 以上	1 個以上

（注）1 つの消火器の消火能力が所定の能力単位に満たない場合，追加して取り付ける他の消火器との合算能力が所定の能力単位に相当した能力以上であれば問題ない。

③ 消火器の維持管理は，p.166（消火器）と同様に行うこと。

■タンクローリ・トラックなどが携行すべきもの（資材および工具）

品名	仕様	備考
赤旗		関係者以外の接近を阻止するためなど
赤色合図灯または懐中電灯	車両備付け品でよい	
メガホン		付近の火気禁止を連呼する時など
ロープ	長さ15m以上のもの2本以上	危険区域の明示など
漏洩検知材		漏洩の有無確認
車輪止め	2個以上	停車時に車の移動防止
容器バルブ開閉用ハンドル	移動する容器に適合したもの（LPガス用容器には不要）	車両に固定した容器および容器にバルブ開閉用ハンドルが固定されている場合を除く
容器バルブグランドスパナまたはモンキースパナ	移動する容器に適合したもの	車両に固定した容器の場合を除く。LPガス容器の場合，モンキースパナで容器バルブのグランドからのガス漏洩防止などに使用
革手袋		凍傷防止用

（注）容器からのガス漏洩の応急措置のため，以下のものの携行も望ましい。

・ゴム板（容器のピンホールなどからのガス漏れを防止または減少させる）。

・ゴムチューブ（ゴム板などを堅く締め付ける）。

・防災キャップ（容器バルブや容器のネックなどからのガス漏れを防止する。プロテクターのない容器キャップが装着されているものに限る）。

　また，25L以下の容器により，合計50L以下の積載の場合は，適用除外。

■緊急工具の例

・赤旗

・赤色合図灯又は懐中電灯

・メガホン

・ロープ（長さ15m×2本以上）

・漏洩検知材（検知機，検知管）

- ・革手袋
- ・容器開閉ハンドル（容器に開閉ハンドルが装着されている場合は不要）
- ・容器バルブグランドスパナ（モンキースパナでも可）
- ・発煙筒
- ・車輪止め（2個以上）
- ・ハンマー又は木づち
- ・ペンチ，はさみ，ナイフ

■タンクローリ・トラックなどが携行すべきもの（注意事項を記載した書面）

　タンクローリまたはトラックなどにより LP ガスを移動する場合は，移動中の災害防止のために必要な注意事項を記載した書面（イエローカード）を運転者に交付し，移動中携帯させること。

■イエローカードの様式（例・左が表，右が裏）

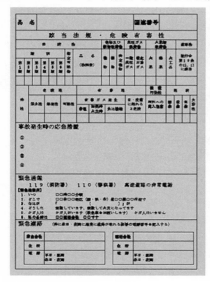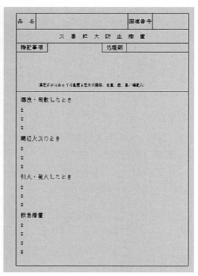

■移動監視者の資格

① 製造保安責任者免状の交付を受けている者（冷凍を除く）。

② 高圧ガス保安協会が行う高圧ガスの移動についての講習（高圧ガス移動監視者講習）を受け，当該講習の検定に合格した者。

  ＊（注）移動監視者は，業務に従事する場合には常に製造保安責任者免状または高圧ガス移動監視者講習修了証を携帯しなければならない。

■移動監視者の職務

① LP ガスの移動について，保安維持の監視をする。

② 車両および携行品の整備状況を確認し，常に正常に維持するように努める。

③ 積載する容器が正常であるか常に確認する。

④ 車両の運行が注意事項を記載した書面に基づいて行われるように監督する。

⑤ 移動中に事故が発生した場合には，注意事項を記載した書面に定められている防災上必要な措置を行う。

⑥ 駐車する場合はガス漏れ，周辺の火気などに十分留意して保安の確保に努める。

⑦ 保安確保上の諸問題については，事業主に意見を述べる。

⑧ 製造事業所内では，その事業所の保安係員の指示を忠実に守る。

  ＊（注）p.261 ④の(4)で示された時間以上の移動をする時は，運転者 2 名が乗務しなければならないが，2 名とも資格者でない場合は，さらに資格者を 1 名乗せる必要がある。しかし，道路交通法により 3 名の乗車ができない場合は移動・運搬が不可能となる。従って，運転者が資格を有することが望ましい。

■充てん容器等により移動中の非常時の措置（ガス漏れ発生の場合）

① ガス漏れ箇所を速やかに確認する。

② 工作用工具などを漏洩箇所に応じて適切に使用しガス漏れを止める。

③ 充てん容器等が転倒している場合は，安全弁の入口に液状の LP ガスが入り，温度上昇などの理由により安全弁が作動すると，液状の LP ガスが噴出し，大量のガス漏洩につながるおそれがあるため，容器を直立させる。

④ 工作用工具などを使用する場合は，金属の衝撃により火花を発生させないように注意する必要がある。

⑤ 液状の LP ガスは気化により漏洩部の温度を低下させるばかりでなく，手に凍傷を起こすおそれがあるため，革手袋を着用する。

⑥　ガス漏洩を完全に阻止し得ない場合は，当該容器を車両に積載して，速やかに現場を離脱し，通風の良い，安全な場所に移動する。ただし，この場合，自動車排気管付近にLPガスが滞留していないことを確認した後，エンジンを起動することが必要である。

⑦　着火した場合に備えて，消火器を準備する。

■ガス漏れ発生時の具体的措置

ガス漏洩の内容	容器からのガス漏れ対応措置の例
容器バルブのゆるみによるシート漏れ	・革手袋を着用し，落ち着いて容器バルブを閉止する（シート漏れとは，バルブを閉めた状態のとき，弁シートと弁座の間から漏れることで，原因には，異物の噛み込み等による，弁シートや弁座の損傷などが挙げられる）
容器バルブや安全弁からの漏洩（噴出）	・ホースなどにより容器上部に散水し，容器の温度を低下させる（容器気相部の異常な温度上昇を防ぎ，容器の破壊を防止する） ・容器内の圧力が下がった後，安全弁からの噴出が止まらなかった場合はゴムチューブなどで安全弁キャップ部を堅く縛り，ガスの漏洩をできるだけ少なくする
容器バルブ損傷による漏洩	・落下，転倒などにより，容器バルブなどが損傷し，液状のLPガスが噴出している場合は，革手袋を着用して容器を直立させ，ガス状のLPガスの噴出に変えてから，ガス漏洩箇所をゴムチューブなどでガス漏れ箇所を堅く縛ることなどをし，ガスの漏洩をできるだけ少なくする ・勤務先に連絡の上，次項の「ガス漏れが止まらない場合」の措置を講ずる
容器本体の損傷による漏洩	・容器底部の腐食によるピンホール，容器胴部の損傷の対応は，現場で修復できない場合，火気などがない安全な場所でLPガスを放出させて二次災害を防止する ・損傷部から液状のLPガスが噴出している場合は，革手袋を着用して損傷部が上を向くようにして，ガス状のLPガスの噴出に変えてから，ゴム板で損傷部を押さえ，ゴムチューブなどでガス漏れ箇所を堅く縛り，ガスの漏洩をできるだけ少なくする。その後，容器のガス漏れ箇所を上に向けた状態にする ・勤務先に連絡の上，次項の「ガス漏れが止まらない場合」の措置を講ずる

■充てん容器等により移動中の非常時の措置（ガス漏れが止まらない場合）

①　事故発生現場が住宅地，商店街などの場合は，速やかに当該容器を積載したまま現場を離脱し，通風の良い，住宅地，商店街などでない安全な場

所へ移動し，消防署，警察署および防災事業所，所属事業所などへ応援要請を行う。この際，自動車の排気管付近にLPガスが滞留していないことを確認した後，エンジンを起動する。可能であれば，最寄りの高圧ガス製造事業所へ車両を回送し，LPガス回収の措置を依頼する。

② 安全な場所に到着したら，移動先付近に火気がないことを確認するか，メガホンなどを利用して付近の住民に火気の使用をやめるよう警告する。

③ LPガスに着火した場合に備えて，消火器を風上側の安全な場所に準備する。

④ ロープを利用して警戒区域を設定し，赤旗により，関係者以外の者の接近を阻止する。

⑤ 応援者が到着したら，当該容器を静かに車両からおろす。この際，革手袋を必ず着用する。

⑥ 付近に民家などがなく，風通しの良い安全な場所で少量ずつ，慎重にガスを廃棄する。または，移充てん用ホースなどを用いて容器内のLPガスを他の容器などに回収する措置を講ずる（LPガスを廃棄する場合は，漏洩したLPガスが下水溝に流れ込まないよう注意する）。

■充てん容器等により移動中の非常時の措置（ガス漏れが大規模な場合）

① 事故発生現場が，住宅地，商店街などの場合は，速やかに当該容器を車両に積載して現場を離脱し，通風の良い，住宅地，商店街などでない安全な場所へ移動する。

② 通行人に依頼して付近の火気の使用禁止を，メガホンなどを使用して連呼する。

③ ロープを使用して警戒区域（風下側）を設定し，赤旗により関係者以外の者の接近を阻止する。

④ 防災事業所，所属事業所などへ連絡して応援を要請する。

⑤ LPガスに着火した場合に備えて，消火器を風上側の安全な場所に準備する。

⑥ 革手袋，保護具を着用し，風上から当該容器に接近し，当該容器を他の容器から引き離す。

⑦ 「ガス漏れが発生した場合」と同様の応急措置を施す。

■充てん容器等により移動中の非常時の措置（漏洩したガスに着火した場合）

① 　運行中に火災が発生した場合は，まず付近に火災が及ばないような広い安全な場所へ車両を移動させる。

② 　消防署，警察署，防災事業所，所属事業所などへ連絡して応援を要請する。

③ 　安全が確保できる場合，革手袋を着用し，火炎が他の容器を直射しないように容器や車両を隔離する。

④ 　安全弁から火を噴いている場合は，容器上部に散水し温度を下げる（容器の温度低下とともに内圧が下がり，安全弁からのガス噴出が止まれば，自然に鎮火する場合もある）。

⑤ 　充てん口から火を噴いている場合は，消火器を用いて窒息および冷却効果により消火し，速やかに容器バルブを閉止してガスの噴出を止める。

⑥ 　消火してもガス漏れを止めることができない場合は，火を消そうとするより火災が付近に広がらないよう消火ホースなどの水で遮断して，火勢を抑え，容器内部のガスをすべて燃やし尽くす（散水は，容器上部に行い，容器気相部の温度が異常上昇しないようにすること）。

⑦ 　消火器は，延焼した場合に備えて，風上側に準備する。

問 1．LP ガスの移動に関する次の記述のうち，正しいものはどれか。

イ．質量 3 トン以上の LP ガスを移動する際，移動監視者の資格を有する者が移動について監視した。

ロ．トラックの最後部に積載した容器の後部と車両後部バンパとの間隔を 20 cm とした。

ハ．20 kg 型充てん容器 6 本を 2 段積みにして，トラックで移動した。

ニ．容器の合計質量と充てんガスの合計質量の和が，車両の最大積載量を超えて積載して移動しても問題はない。

  (1)　イ

  (2)　イ，ニ

  (3)　ロ，ハ

  (4)　ロ，ニ

  (5)　ロ，ハ

問 2．LP ガスの移動に関する次の記述のうち，正しいものはどれか。

イ．LP ガスが合計質量として 3000 kg の充てん容器を移動する際に，移動監視者の資格を有する者が運転したが，資格証を携帯しなかった。

ロ．容器の積み下ろしの際に，車両の車止めを確実に行った。

ハ．LP ガスを車両で移動する際に，携行すべきものの中にロープも含まれる。

ニ．トラックによって移動するガス量が 150 kg であったので，能力単位 B－10 の粉末消火器 1 個を携行した。

  (1)　イ，ロ，ハ

  (2)　イ，ロ，ニ

  (3)　イ，ハ

  (4)　イ，ニ

  (5)　ロ，ハ，ニ

問 3. LP ガスの移動に関する次の記述のうち，正しいものはどれか。

イ．容器を移動する担当者に対し，万一の漏洩事故を想定し，応急処置の場合に備えて凍傷を防止する目的で軍手を携行させた。

ロ．車両で容器を移動する際に，ロープは長さ 15 m 以上のものを 2 本以上用意することとされている。

ハ．車両で容器を移動する際に携行するものとして，赤色合図灯または懐中電灯が規定されているが，これは車両の備え付け品ではなく，あらたに用意しなければならない。

ニ．充てん容器を大型トラックに積載して移動する際に，車両の前部の見やすい場所の 1 箇所に警戒標を掲げた。

　(1)　イ，ロ，ハ

　(2)　イ，ロ，ニ

　(3)　イ，ハ

　(4)　ロ

　(5)　ロ，ハ，ニ

解答・解説

問1. 正解 (1) イ

解説

イ. （正）質量3トン以上のLPガスを移動する際，移動監視者の資格を有する者が移動について監視したということは適切です。

ロ. （誤）トラックの最後部に積載した容器の後部と車両後部バンパとの間隔は30 cm以上保たなければなりません。

ハ. （誤）移動する際の容器の2段積みは，10 kg以下の容器に限られています。

ニ. （誤）容器の合計質量と充てんガスの合計質量の和が，車両の最大積載量を超えて積載して移動してはいけません。

問2. 正解 (5) ロ，ハ，ニ

解説

イ. （誤）LPガスが合計質量として3000 kgの充てん容器を移動する際に，移動監視者の資格を有する者が運転する際には，常に資格証を携帯しなければなりません。

ロ. （正）容器の積み下ろしの際に，車両の車止めを確実に行うことは適切です。

ハ. （正）LPガスを車両で移動する際に，携行すべきものの中にロープも含まれています。

ニ. （正）トラックによって移動するガス量が150 kgであるとき，能力単位B-10の粉末消火器1個を携行したことは適切です。150 kg以下の場合には能力単位B-3以上の粉末消火器1個以上が必要です。

問3. 正解 (4) ロ

解説

イ. （誤）容器を移動する担当者に対し，万一の漏洩事故を想定し，応急処置の場合に備えて凍傷を防止する目的で軍手を携行させることは誤りです。軍手ではなくて，革手袋でなければなりません。

ロ. （正）車両で容器を移動する際に，ロープは長さ15 m以上のものを2

本以上用意することとされています。

ハ． （誤）車両で容器を移動する際に携行するものとして，赤色合図灯または懐中電灯が規定されていますが，これは車両の備え付け品でかまいません。

ニ． （誤）大型トラックに掲げる警戒標は1ヶ所ではなく，前方からも後方からも見えるように2箇所に掲げることが必要です。

第2編
法令

第一編でも
法令に関係する話は
それなりに出てきましたが
ここで法令として
整理しておきましょう

必要に応じて
第一編も参照して下さいね

■一般の法律の第1条と第2条

（とくに，どの法律でも試験に出やすくなっている）

第1条	この法律の目的
第2条	この法律で用いる用語の定義

第1章
高圧ガス保安法

第1節　目的および定義　重要度C

■高圧ガス保安法の第1条と第2条

第1条	高圧ガスを安全に取り扱うための規制にとどまらず，保安のための自主活動を促進すること （正式条文）この法律は，高圧ガスによる災害を防止するため，高圧ガスの製造，貯蔵，販売，移動その他の取扱及び消費並びに容器の製造及び取扱を規制するとともに，民間事業者及び高圧ガス保安協会による高圧ガスの保安に関する自主的な活動を促進し，もつて公共の安全を確保することを目的とする。	

第2条	高圧ガスには次の二つが定義されている	
	圧縮ガス	・温度35度以下で圧力が1メガパスカル以上の圧縮ガス ・温度15度以下で圧力が0.2メガパスカル以上のアセチレンガス
	液化ガス	・温度35度以下で圧力が0.2メガパスカル以上の液化ガス ・温度35度以下で圧力0パスカルを超える液化シアン化水素，液化ブロムメチル等

（注1）法律用語なので，℃を度と，MPaをメガパスカルと表記している

（注2）圧縮装置（空気分離装置を除く）における圧縮空気（温度35度で圧力5メガパスカル以下）とオートクレーブ内のガスは適用除外（高圧ガス保安法施行令第2条）

実戦問題

問1. 次のイ，ロ，ハの記述のうち，正しいものはどれか。

イ．高圧ガス保安法は，高圧ガスを安全に取り扱うための規制が基本目的であり，保安のための自主活動を促進することも目的としている。

ロ．高圧ガス保安法は，高圧ガスの製造，貯蔵，販売，移動その他の取扱及び消費並びに容器の製造及び取扱を規制している。

ハ．高圧ガス保安法は，民間事業者及び高圧ガス保安協会による高圧ガスの保安に関する自主的な活動を促進することも目的としている。

 (1) イ

 (2) イ，ロ，ハ

 (3) イ，ハ

 (4) ロ，ハ

 (5) ハ

問2. 次のイ，ロ，ハの記述のうち，正しいものはどれか。

イ．高圧ガス保安法では，高圧ガスは，圧縮ガスと液化ガスとがあるという定義になっている。

ロ．圧力が0.2メガパスカルとなる温度が30度である液化ガスは，現在の圧力が0.1メガパスカルであっても高圧ガスである。

ハ．高圧ガスとなる圧縮ガスには，常用の温度において，圧力が1メガパスカル以上となる圧縮ガスであって現にその圧力が1メガパスカル以上であるもの，または，温度35度において圧力が1メガパスカル以上となるものが定義されており，この他には，高圧ガスとなる圧縮ガスは定義されていない。

 (1) イ

 (2) イ，ロ

 (3) イ，ハ

 (4) ロ，ハ

 (5) ハ

解答・解説

問1. 正解 ⑵ イ, ロ, ハ

解説

イ．（正）高圧ガス保安法は，高圧ガスを安全に取り扱うための規制が基本目的であり，保安のための自主活動の促進も目的としています。

ロ．（正）高圧ガス保安法は，高圧ガスの製造，貯蔵，販売，移動その他の取扱及び消費並びに容器の製造及び取扱を規制しています。

ハ．（正）高圧ガス保安法は，民間事業者及び高圧ガス保安協会による高圧ガスの保安に関する自主的な活動を促進することも目的としている。

問2. 正解 ⑵ イ, ロ

解説

イ．（正）高圧ガス保安法では，高圧ガスは，圧縮ガスと液化ガスとがあるという定義になっています。

ロ．（正）圧力が0.2メガパスカルとなる温度が35度以下である液化ガスは，現在の圧力が0.1メガパスカルであっても高圧ガスです。

ハ．（誤）他には圧縮アセチレンガスが定義されています。

第2節　販売，消費等の規制　重要度B

■販売事業の届出（法第20条の4）

　販売事業については，第一種製造者で製造した高圧ガスをその事業所において販売する時を除き，事業開始の日の20日前までに，販売する高圧ガスの種類を記載し，都道府県知事に届け出なければならない。

　また，製造の開始または廃止をした時は，遅滞なく都道府県知事に届け出なければならない。

■周知義務（法第20条の5）

　販売事業者等は，次の3種類の高圧ガスを購入する者に対し，販売契約を締結した時，および本条による周知をしてから1年以上経過して高圧ガスを引き渡した時ごと（一般則第38条）に当該高圧ガスによる災害の発生の防止に関して，周知させるべきである。

① 　溶接または熱切断用のアセチレン，天然ガスまたは酸素

② 　在宅酸素療法用の液化酸素

③ 　スクーバダイビング等呼吸用の空気

その際の周知させるべき項目は次の6項目である

① 　使用する消費設備のその販売する高圧ガスに対する適応性に関する基本的事項

② 　消費設備の操作，管理および点検に関し注意すべき基本的事項

③ 　消費設備を使用する場所の環境に関する基本的事項

④ 　消費設備の変更に関し注意すべき基本的事項

⑤ 　ガス漏れを感知した場合その他高圧ガスによる災害が発生し，または発生するおそれがある場合に消費者がとるべき緊急の措置および販売事業者等に対する連絡に関する基本的事項

⑥ 　前号（上記5項）に掲げるもののほか，高圧ガスによる災害の発生防止に関し必要な事項

■輸入検査（法第22条）

　高圧ガスの輸入をした者は，輸入をした高圧ガスおよびその容器につき，以下の場合を除き，都道府県知事が行う輸入検査を受け，これらが経済産業

省令で定める技術上の基準に適合していると認められた後でなければ，これを移動してはならない。

① 協会または経済産業大臣が指定する者が行う輸入検査を受け，これらが輸入検査基準に適合していると認められ，その旨を都道府県知事に届け出た場合。

② 船舶から導管により陸揚げして輸入をする場合。

③ 経済産業省令で定める緩衝装置内における輸入をする場合。

■消費（法第24条の2）

特定高圧ガスを次表の数量以上消費する者は，事業所ごとに，消費開始の日の20日前までに，消費する特定高圧ガスの種類，消費のための施設の位置，構造および設備ならびに消費の方法を記載した書面を添えて，その旨を都道府県知事に届けなければならない。

■特定高圧ガス

圧縮水素	300 立方メートル	液化アンモニア	3000 キログラム
圧縮天然ガス	300 立方メートル	液化石油ガス	3000 キログラム
液化酸素	3000 キログラム	液化塩素	1000 キログラム

■廃棄（法第25条）

高圧ガスの廃棄は，廃棄の場所，数量その他廃棄の方法について経済産業省令で定める技術上の基準に従ってしなければならない。

その際の規定が以下のように定められている。

① 可燃性ガスは，火気を取り扱う場所を避け，かつ，通風の良い場所で少量ずつすること（一般則第62条）。

② 廃棄は，火気を取り扱う場所の周囲8メートル以内を避け，かつ，通風の良い場所で少量ずつすること（液石則第60条）。

問１. 次のイ，ロ，ハの記述のうち，正しいものはどれか。

イ．高圧ガス移動時の運転に関し，一定の条件に該当する場合には，交替運転のため，容器を固定した車両１台について運転者２人を充てること。

ロ．肢イの一定の条件には，一の運転者による連続運転時間が，８時間を超える場合が含まれる。

ハ．可燃性ガス，毒性ガスまたは酸素の高圧ガスを移動する時は，高圧ガスの名称，性状および移動中の災害防止のために必要な注意事項を記載した書面を運転者に交付し，移動中携帯させ，これを順守させること。

(1) イ

(2) イ，ロ

(3) イ，ハ

(4) ロ，ハ

(5) ハ

問２. 次のイ，ロ，ハの記述のうち，正しいものはどれか。

イ．可燃性ガスは，火気を取り扱う場所を避け，かつ，通風の良い場所で少量ずつ廃棄すること。

ロ．高圧ガスの廃棄は，廃棄の場所，数量その他廃棄の方法について経済産業省令で定める技術上の基準に従ってしなければならない。

ハ．廃棄は，火気を取り扱う場所の周囲２メートル以内を避け，かつ，通風の良い場所で少量ずつすること。

(1) イ

(2) イ，ロ

(3) イ，ハ

(4) ロ，ハ

(5) ハ

解答・解説

問1. 正解　(3)　イ, ハ

解説

イ. （正）高圧ガス移動時の運転に関し, 一定の条件に該当する場合には, 交替運転のため, 容器を固定した車両1台について運転者2人を充てることとされています。

ロ. （誤）一人の運転が8時間というのは長すぎ, ここは4時間となっています。

ハ. （正）可燃性ガス, 毒性ガスまたは酸素の高圧ガスを移動する時は, 高圧ガスの名称, 性状および移動中の災害防止のために必要な注意事項を記載した書面を運転者に交付し, 移動中携帯させ, これを遵守させることとされています。

問2. 正解　(2)　イ, ロ

解説

イ. （正）可燃性ガスは, 火気を取り扱う場所を避け, かつ, 通風の良い場所で少量ずつ廃棄することとされています。

ロ. （正）高圧ガスの廃棄は, 廃棄の場所, 数量その他廃棄の方法について経済産業省令で定める技術上の基準に従ってしなければならないとされています。

ハ. （誤）火気を取り扱う場所の周囲2メートルでは近すぎますね。ここは, 8メートル以内を避け, かつ, 通風の良い場所で少量ずつすることとされています。

第3節　保安　

■危害予防規程および保安教育計画（法第26，27条）

　第一種製造者は，危害予防規程を定め都道府県知事に届け出ること，ならびに，保安教育計画を定め実行すること。

■危害予防規程に記載すべき内容

① 経済産業省令で定める技術上の基準に関すること
② 保安管理体制ならびに保安統括者，保安技術管理者，保安係員，保安主任者および保安企画推進員の行うべき職務の範囲に関すること
③ 製造設備の安全な運転および操作に関すること
④ 製造施設の保安に係る巡視および点検に関すること
⑤ 製造施設の新増設に係る工事および修理作業の管理に関すること
⑥ 製造施設が危険な状態になった時の措置およびその訓練方法に関すること
⑦ 協力会社の作業の管理に関すること
⑧ 従業者に対する当該危害予防規程の周知方法および当該危害予防規程に違反した者に対する措置に関すること
⑨ 保安に係る記録に関すること
⑩ 危害予防規程の作成および変更の手続きに関すること

■保安統括者等（法第27条の2，第27条の3）

保安統括者	第一種製造者の事業所ごとに選任する
保安主任者	第一種製造者のうち，高圧ガスの処理能力が1日あたり1,000,000立方メートル（貯槽を設置して高圧ガスの充てんを行う場合は2,000,000立方メートル）以上の事業所に必要。高圧ガス製造保安責任者で，高圧ガス製造に関する経験を有する者より選任する

	第一種製造者の事業所ごとに選任する。高圧ガス製造保安責任者で，高圧ガス製造に関する経験を有する者より選任する ・保安係員の職務
保安係員	① 製造施設の位置，構造および設備が経済産業省令で定める技術上の基準に適合するように監督すること ② 製造の方法が経済産業省令で定める技術上の基準に適合するように監督すること ③ 定期自主検査の実施を監督すること ④ 製造施設および製造の方法についての巡視および点検を行うこと ⑤ 高圧ガスの製造に係る保安についての作業標準，設置管理基準および協力会社管理基準ならびに災害の発生またはそのおそれがある場合の措置基準の作成に関し，助言を行うこと ⑥ 災害の発生またはそのおそれがある場合における応急措置を実施すること

（注 1）保安統括者，保安技術管理者，保安係員が旅行，疾病その他の事故によってその職務を行うことができない場合の代理を選任しなければならない。
（注 2）第一種製造者は，保安係員に対し製造保安責任者免状の交付を受けた日の属する年度の翌年度の開始の日から 3 年以内に第 1 回の講習を受けさせなければならない。

■保安検査（法第 35 条）

保安検査	第一種製造者は，高圧ガスの爆発その他の災害が発生するおそれがある製造のための施設について，指定保安検査機関が行う保安検査を受け，その旨を都道府県知事に届け出た場合を除き，定期的に技術上の基準に適合しているかどうかについて，都道府県知事が行う保安検査を受けなければならない

	① 経済産業省令で定める技術上の基準に適合しているかどうかについて，1年に1回以上の自主検査を行わなければならない ② 次の立場の者は，それぞれ次の者に自主検査の実施について監督を行わせなければならない
自主検査	<table><tr><td>第一種製造者</td><td>選任した保安係員</td></tr><tr><td>特定高圧ガス消費者</td><td>選任した取扱主任者</td></tr></table>③第一種製造者および特定高圧ガス消費者は，検査記録に次の各号に掲げる事項を記載しなければならない 1）検査をしたガス設備または消費施設 2）検査をしたガス設備または消費施設ごとの検査の方法および結果 3）検査年月日 4）検査の実施について監督を行った保安係員または取扱主任者の氏名

■危険時の措置および届出（法第36条）

　高圧ガスの製造，貯蔵，販売等の施設および容器が危険な状態になった時の措置として，以下の定めがある。

① 施設，高圧ガスを充てんした容器の所有者は，応急措置を講じなければならない。

② 危険な事態を発見した者は，都道府県知事または警察官，消防吏員もしくは消防団員もしくは海上保安官に届け出なければならない。

■取り扱い等の規定（法第37条）

① 何人（なんびと）も，第一種製造者，第一種貯蔵所の指定場所で火気を取り扱ってはならない。

② 関係者の承認を得ないで，発火しやすい物を携帯してそれらの場所に立ち入ってはならない。

問 1. 保安統括者等につき，次の記述のうち正しいものはどれか。

イ．保安統括者は，第一種製造者の工場ごとに選任する。

ロ．保安主任者は，第一種製造者のうち，高圧ガスの処理能力が 1 日あたり 1,000,000 立方メートル（貯槽を設置して高圧ガスの充てんを行う場合は 2,000,000 立方メートル）以上の事業所に必要。高圧ガス製造保安責任者で，高圧ガス製造に関する経験を有する者より選任する。

ハ．保安係員は，第一種製造者の事業所ごとに選任する。高圧ガス製造保安責任者で，高圧ガス製造に関する経験を有する者より選任する。

    (1)　イ

    (2)　イ，ロ

    (3)　イ，ハ

    (4)　ロ，ハ

    (5)　ハ

問 2. 自主検査に関し，第一種製造者および特定高圧ガス消費者が，検査記録への記載が義務づけられている事項として，不適切なものはどれか。

    (1)　検査をしたガス設備または消費施設

    (2)　検査をしたガス設備または消費施設ごとの検査の方法および結果

    (3)　検査年月日

    (4)　検査の実施について監督を行った保安係員または取扱主任者の氏名

    (5)　検査を実施した住所

解答・解説

問1. 正解 ⑷ ロ，ハ

解説

イ． （誤）保安統括者は，第一種製造者の事業所ごとに選任します。事業所と工場は同一の場合もありますが，一つの事業所に複数の工場がある場合もあり，法律では条文に用いられている用語が正しいことになります。

ロ． （正）保安主任者は，第一種製造者のうち，高圧ガスの処理能力が1日あたり 1,000,000 立方メートル（貯槽を設置して高圧ガスの充てんを行う場合は 2,000,000 立方メートル）以上の事業所に必要。高圧ガス製造保安責任者で，高圧ガス製造に関する経験を有する者より選任します。

ハ． （正）保安係員は，第一種製造者の事業所ごとに選任する。高圧ガス製造保安責任者で，高圧ガス製造に関する経験を有する者より選任します。

問2. 正解 ⑸

解説

検査を実施した住所まで書くことは義務付けられていません。

第4節　容器等

■容器

　高圧ガスを充てんする容器については，法第44条により定められた技術上の基準に従って製造し，または輸入した者は，第44条に定められている容器検査を受けなければならない。容器検査に合格した容器には，容器則第8条および第10条の刻印や表示をしなければならない。

■容器に充てんできる高圧ガスの種類と量

圧縮ガス	刻印等[1]で示された圧力以下
液化ガス	刻印等[1]で示された内容積に応じて計算された質量以下 $G = \dfrac{V}{C}$ G：液化ガスの質量（単位：キログラム）の数値 V：容器の内容積（単位：リットル）の数値 C：定数

1）刻印等または自主検査刻印等

■容器に刻印する内容
① 　検査実施者の名称の符号
② 　容器製造者の名称またはその称号
③ 　充てんすべき高圧ガスの種類
④ 　容器の記号
⑤ 　内容積（記号 V，単位リットル）
⑥ 　容器検査に合格した年月

■容器に表示する内容
① 　充てんすることができる高圧ガスの名称。
② 　充てんすることができる高圧ガスが可燃性ガスおよび毒性ガスの場合にあっては，当該高圧ガスの性質を示す文字。

可燃性ガスの場合	「燃」
毒性ガスの場合	「毒」

（注）容器には，基本的に安全弁を取り付けるが，安全弁を著しく劣化させるおそれがある高圧ガスを充てんする容器，毒性ガスを充てんする容器であって安全弁を装着することが不適切であるものについては，安全弁を取り付ける必要がない。

■帳簿の保管期間（法第60条，一般則第95条）

2年間	高圧ガスを容器に充てん，または同ガスを容器により授受した場合
10年間	製造施設に異常があった場合

（注）販売業者は，高圧ガスを購入して消費する者に対し，<u>高圧ガスによる災害の発生の防止に関し必要な事項を周知</u>し，また，これらに関する必要事項を記載した<u>帳簿を2年間保存</u>しなければならない。

■容器検査（法第56条，第63条）

　容器検査に合格しなかった容器は，これをくず化し，その他容器として<u>使用することができないように処分</u>しなければならない。また，高圧ガスまたは容器を喪失した時，または盗まれた時は，遅滞なく都道府県知事または警察官に届け出なければならない。

■容器再検査

① 　容器検査もしくは容器再検査を受けた後等において，以下に定められた期間を経過した容器については，容器の再検査を受けなければならない。

5年	・溶接容器，超低温容器およびろう付け容器については，<u>製造した後の経過年数20年未満</u>のもの ・一般継目なし容器
2年	・経過年数20年以上のもの

② 　再検査の外観検査の合格基準
　1）容器の使用上支障のある腐食，割れ，すじ等がないもの
　2）内容積が15リットル以上120リットル未満の液化石油ガスを充てんする容器にあっては，スカートの著しい腐食，摩耗または変形がないものであり，かつ，底面間隔が容器底部の腐食防止のため十分なもの。
③ 　容器の附属品について再検査の期間は，検査に合格した日から<u>2年を経</u>

過して最初に受ける容器再検査までの間とする。

問1．次のイ，ロ，ハの記述のうち，正しいものはどれか。

イ．容器には，基本的に安全弁を取り付けるが，安全弁を著しく劣化させる
おそれがある高圧ガスを充てんする容器，毒性ガスを充てんする容器であ
って安全弁を装着することが不適切であるものについては，安全弁を取り
付ける必要がない。

ロ．容器に充てんする圧縮ガスの質量は，容器の内容積をガスの種類ごとに
決められた定数で割って求める。

ハ．充てんすることができる高圧ガスが可燃性ガスおよび毒性ガスの場合に
あっては，当該高圧ガスの性質を示す以下の文字を表示する。

可燃性ガスの場合　　「可燃」

毒性ガスの場合　　　「有毒」

(1)　イ

(2)　ロ

(3)　イ，ロ，ハ

(4)　ロ，ハ

(5)　ハ

問2．次のイ，ロ，ハの記述のうち，正しいものはどれか。

イ．容器検査に合格した容器には，容器則第8条および第10条の刻印や表
示をしなければならない。

ロ．高圧ガスを充てんする容器については，法第44条により定められた技
術上の基準に従って製造し，または輸入した者は，第44条に定められて
いる容器検査を受けなければならない。

ハ．容器検査に合格しなかった容器は，補修し容器として再利用することが
できるようにすること。

(1)　イ

(2)　イ，ロ

(3)　イ，ハ

(4)　ロ，ハ

(5)　ハ

解答・解説

問1. 正解 ⑴ イ

解説

イ．（正）容器には，基本的に安全弁を取り付けますが，安全弁を著しく劣
化させるおそれがある高圧ガスを充てんする容器，毒性ガスを充てんする
容器であって安全弁を装着することが不適切であるものについては，安全
弁を取り付ける必要がありません。

ロ．（誤）圧縮ガスは，定数で割ることにはなっていません。圧縮ガスの圧
力は，刻印等で示された圧力以下の充てんになりますが，液化ガスの質量
は刻印等で示された内容積に応じて計算された質量以下の充てんというこ
とになります。その計算式は，以下の通りです。

$$G = \frac{V}{C}$$

G：液化ガスの質量（単位：キログラム）の数値

V：容器の内容積（単位：リットル）の数値

C：定数

ハ．（誤）表示する文字は，次の通りです。

可燃性ガスの場合　　「燃」

毒性ガスの場合　　　「毒」

問2. 正解 ⑵ イ，ロ

解説

イ．（正）ロ．（正）いずれも法律上正しい記述です。

ハ．（誤）容器検査に合格しなかった容器は，これをくず化し，その他容器
として使用することができないように処分しなければなりません。

第2章
液化石油ガス法

第1節　目的および定義　重要度C

■液化石油ガス法の第1条と第2条

第1条	この法律は，一般消費者に対する液化石油ガスの販売，液化石油ガス器具等の製造及び販売等を規制することにより，液化石油ガスによる災害を防止するとともに液化石油ガスの取引を適正にし，もって公共の福祉を増進することを目的とする	
第2条	この法律では，次の定義がされている	
	液化石油ガス	プロパン，ブタンその他政令で定める炭化水素を主成分とするガスを液化したもの（その充てんされた容器内又はその容器に附属する気化装置内において気化したものを含む）
	一般消費者等	液化石油ガスを燃料（自動車用のものを除く）として生活の用に供する一般消費者及び液化石油ガスの消費の態様が一般消費者が燃料として生活の用に供する場合に類似している者であって政令で定めるもの（政令では「類似している者」として，特定高圧ガス消費者を除き暖房もしくは冷房又は飲食物の調理に用いる者，および，蒸気の発生又は水温の上昇のための燃料としてサービス業の用に供する者が規定されています）
	液化石油ガス販売事業	液化石油ガスを一般消費者等に販売する事業（一部事業を除く）
	供給設備	液化石油ガス販売事業の用に供する液化石油ガスの供給のための設備（船舶内のものを除く）及びその附属設備であって，経済産業省令で定めるもの
	消費設備	液化石油ガス販売事業を行うことについて第三条第一項の登録を受けた者が一般消費者等に販売する液化石油ガスに係る消費のための設備（供給設備に該当するもの及び船舶内のものを除く）
	液化石油ガス設備士	液化石油ガス設備士免状の交付を受けている者
	液化石油ガス器具等	主として一般消費者等が液化石油ガスを消費する場合に用いられる機械，器具又は材料（一般消費者等が消費する液化石油ガスの供給に用いられるものを含む）であつて，政令で定めるもの
	特定液化石油ガス器具等	構造，使用条件，使用状況等からみて特に液化石油ガスによる災害の発生のおそれが多いと認められる液化石油ガス器具等であって，政令で定めるもの

■高圧ガス保安法と液化石油ガス法の適用（同じガスでも使用条件で異なる）

使用条件	適用される法律
工業用	高圧ガス保安法
民生用	液化石油ガス法

（注）適用法が異なっても技術的な基準に違いはありません。

実戦問題

問1．次のイ，ロ，ハの記述のうち，正しいものはどれか。

イ．液化石油ガス法は，一般消費者に対する液化石油ガスの販売，液化石油ガス器具等の製造及び液化石油ガスの流通等を規制することにより，液化石油ガスによる災害を防止するとともに液化石油ガスの取引を適正にし，もって公共の福祉を増進することを目的とする。

ロ．液化石油ガスを，冷房のための燃料として業務の用に消費する特定高圧ガス消費者は，一般消費者等に該当する。

ハ．自動車用のものを除いて，液化石油ガスを燃料として生活の用に供する一般消費者及び液化石油ガスの消費の態様が一般消費者が燃料として生活の用に供する場合に類似している者であって特に定める者は，一般消費者等に該当する。

(1) イ

(2) イ，ロ

(3) イ，ハ

(4) ロ，ハ

(5) ハ

問2．次のイ，ロ，ハの記述のうち，正しいものはどれか。

イ．液化石油ガスとは，プロパン，ブタンその他政令で定める炭化水素を主成分とするガスを液化したものをいい，その充てんされた容器内又はその容器に附属する気化装置内において気化したものは含まれない。

ロ．液化石油ガス設備士免状の交付を受けている者を液化石油ガス設備士という。

ハ．供給設備とは，液化石油ガス販売事業の用に供する液化石油ガスの供給のための設備（船舶内のものを除く）及びその附属設備であって，経済産業省令で定めるものをいう。

(1) イ

(2) イ，ロ

(3) イ，ハ

(4) ロ，ハ

(5) ハ

解答・解説

問1. 正解 ⑸ ハ

解説

イ． （誤）液化石油ガス法では，液化石油ガスの流通等を規制することは規定されていません。よって，この部分が誤りです。

ロ． （誤）特定高圧ガス消費者を除き暖房もしくは冷房又は飲食物の調理に（液化石油ガスを）用いる者は一般消費者等に該当します。

ハ． （正）これは正しい記述です。

問2. 正解 ⑷ ロ，ハ

解説

イ． （誤）「充てんされた容器内又はその容器に附属する気化装置内において気化したもの」も含まれます。

ロ． （正）ハ． （正）これらは正しい記述です。

第2章 液化石油ガス法

第2節　液化石油ガス販売事業

重要度 A

■販売事業登録制度

　液化石油ガス販売事業を行おうとする者は，登録を受けなければならない。販売所の設置の形態により，登録申請先が異なる。（法第3条）

2以上の経済産業局の管轄区域内で販売所を設置する場合	経済産業大臣
1の経済産業局の管轄区域内であって，2以上の都道府県の管轄区域内に販売所を設置する場合	産業保安監督部長
1の都道府県の区域内にのみ販売所を設置する場合	都道府県知事

■貯蔵施設及び供給設備

貯蔵施設	販売事業者は，（販売所ごとに面積3平方メートル以上の）自己の用に供する液化石油ガスの貯蔵施設を所有し，又は占有しなければならない。（法第11条，規則第11条）
供給設備	販売事業者は，供給設備を経済産業省令で定める技術上の基準に適合するように維持しなければならない。（法第16条の2）

■業務主任者

　販売事業者は，販売所ごとに業務主任者を選任し，液化石油ガスに係る保安に関する職務を行わせなければならない。（法第19条）

■液化石油ガス販売事業者の認定制度の概要

　消費者保安のための，

　　　① 一定水準以上の機器（保安確保機器）の設置
　　　② 保安確保機器の適正な管理

を通じて，より高度な消費者保安体制を実現している販売事業者に対する液化石油ガス販売事業者の認定制度。

　この認定を受けると，業務主任者の選任数の軽減，保安業務に係る供給設備の点検・消費設備の調査サイクルの延長等について，特例の適用を受けることができる（法第35条の6）。

問1．次のイ，ロ，ハの記述のうち，正しいものはどれか。

イ．液化石油ガス販売事業者は，特に定められた場合を除いて，貯蔵設備の
周囲2メートル以内には，火気又は引火性もしくは発火性のものを置くこ
とは許されていない。

ロ．液化石油ガス販売事業者は，特に定められた場合を除いて，充てん容器
を供給管もしくは配管又は集合装置に接続しなければならない。

ハ．貯蔵施設には，充てん容器，残ガス容器及び計量器等，作業に必要な物
以外の物を置いてはならない。

(1) イ

(2) イ，ロ

(3) イ，ロ，ハ

(4) ロ，ハ

(5) ハ

問2．次のイ，ロ，ハの記述のうち，正しいものはどれか。

イ．液化石油ガス販売事業者は，一般消費者等の継続的消費に支障が生じな
いようにするために，内容積120リットルの充てん容器を供給配管もしく
は配管又は集合装置に接続せずに供給設備の近傍に置かなければならな
い。

ロ．供給管の修理をするときは，あらかじめ，修理の作業計画及びその作業
の責任者を定め，修理は，その作業計画に従って，かつ，その責任者の監
督の下に行わなければならない。

ハ．液化石油ガス販売事業者は，特に定められた場合を除いて，販売所ごと
に面積3平方メートル以上の自己の用に供する液化石油ガスの貯蔵施設を
所有し，又は占有しなければならない。

(1) イ

(2) イ，ロ

(3) イ，ハ

(4) ロ，ハ

(5) ハ

解答・解説

問1. 正解 ⑶ イ, ロ, ハ

解説

イ. （正）正しい文章です。

ロ. （正）正しい記述です。

ハ. （正）内容は正しいです。

問2. 正解 ⑷ ロ, ハ

解説

イ. （誤）液化石油ガス販売事業者は，特に定められた場合を除いて，充て
ん容器を供給管もしくは配管又は集合装置に接続しなければならないこと
になっています。

ロ. （正）内容的に正しいです。

ハ. （正）正しい記述です。

第3節　保安業務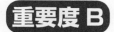

■保安機関制度

　販売業者は保安業務を行わなければならない。ただし，保安業務を専業としている機関にその全部又は一部を委託することができる。（法第27条，法第28条）

■保安機関の認定（法第29条）

　保安業務を行おうとする者は，保安業務の区分に従い（一定の期間ごとに）認定を受けることができる。保安業務を行う販売所の設置の形態により，認定申請先が異なる。

2以上の産業保安監督部の管轄区域内で設置される販売所の保安業務を行う場合	経済産業大臣
1の産業保安監督部の管轄区域内であって，2以上の都道府県の区域内に設置される販売所の保安業務を行う場合	産業保安監督部長
1の都道府県の区域内にのみ設置される販売所の保安業務を行う場合	都道府県知事

第2章　液化石油ガス法

実戦問題

問1. 次のイ，ロ，ハの記述のうち，正しいものはどれか。

イ．保安機関は，保安業務を行うべき場合において，その保安業務の遂行に支障がない場合に限り，これを他人に委託することができる。

ロ．保安機関は，保安業務に関する規程を定め，その認定した経済産業大臣等の認可を受けなければならない。

ハ．液化石油ガス販売業者は，その販売契約を締結している一般消費者等に対する保安業務を，保安機関の認定を受けることなく自ら行うことができる。

  ⑴　イ

  ⑵　イ，ロ

  ⑶　イ，ハ

  ⑷　ロ

  ⑸　ハ

問2. 次のイ，ロ，ハの記述のうち，正しいものはどれか。

イ．保安機関の認定は，所定の期間ごとに認定の更新を受けなければ，その期間の経過により，その効力を失う。

ロ．液化石油ガス販売事業者は，特に定められた場合を除いて，その販売契約している一般消費者等について保安業務を行わなければならない。

ハ．一つの供給施設の貯蔵設備の貯蔵能力が1500キログラムである場合，その設備にバルク貯槽が含まれているならば，特定供給設備である。

  ⑴　イ

  ⑵　イ，ロ

  ⑶　イ，ロ，ハ

  ⑷　ロ，ハ

  ⑸　ハ

解答・解説

問 1. 正解 (4) ロ

解説

イ. （誤）販売業者は保安機関に委託できますが，保安機関は他人に委託できないことになっています。

ロ. （正）これは，正しい記述です。

ハ. （誤）これは，誤りです。保安機関の認定を受けることなく自ら行うことは許されていません。

問 2. 正解 (3) イ，ロ，ハ

解説

イ. （正）正しい記述です。一定の期間ごとに更新が必要です。

ロ. （正）ハ. （正）これらは正しい記述です。

第4節　設備関係

■充てん設備の許可

　供給設備に液化石油ガスを充てんしようとする者は，供給設備に液化石油ガスを充てんするための設備（充てん設備）ごとに，その充てん設備の使用の本拠の所在地を管轄する都道府県知事の許可を受けなければならない（法第37条の4第1項）。

　また，充てん設備の使用の本拠の所在地，構造，設備又は装置を変更しようとするときも許可を受けなければならない（法第37条の4第3項）。

■充てん設備の保安検査

　充てん事業者は，充てん設備について1年に1回，その許可をした都道府県知事が行う保安検査を受けなければならない（法第37条の6）。

■液化石油ガス設備工事届出

　学校，病院，興行場その他多数の者が出入りする施設又は多数の者が居住する建築物であって，貯蔵量500kgを超える液化石油ガス設備工事をした者は，当該施設又は建築物の所在地を管轄する都道府県知事に届け出なければならない（法第38条の3）。

実戦問題

問1. 次のイ，ロ，ハの記述のうち，正しいものはどれか。

イ．配管，ガス栓及び末端ガス栓と燃焼器の間の管は，使用上支障のある腐しょく，割れ等の欠陥がないものでなければならない。

ロ．配管は，建築物の基礎面下に設置してはならない。

ハ．学校，病院，興行場その他多数の者が出入りする施設又は多数の者が居住する建築物であって，貯蔵量 300 kg を超える液化石油ガス設備工事をした者は，当該施設又は建築物の所在地を管轄する都道府県知事に届け出なければならない。

(1)　イ

(2)　イ，ロ

(3)　イ，ハ

(4)　ロ，ハ

(5)　ハ

問2. 次のイ，ロ，ハの記述のうち，正しいものはどれか。

イ．充てん事業者は，充てん設備について6ヶ月に1回，その許可をした都道府県知事が行う保安検査を受けなければならない。

ロ．供給設備に液化石油ガスを充てんしようとする者は，供給設備に液化石油ガスを充てんするための設備ごとに，その充てん設備の使用の本拠の所在地を管轄する都道府県知事の許可を受けなければならない。

ハ．充てん設備を所有する者が，充てん設備の使用の本拠の所在地，構造，設備又は装置を変更しようとするときも許可を受けなければならない。

(1)　イ

(2)　イ，ロ

(3)　イ，ハ

(4)　ロ，ハ

(5)　ハ

解答・解説

問 1. 正解 (2) イ, ロ

解説

イ. (正) 正しい記述です。

ロ. (正) 配管は, 基礎面の上に設置することが必要です。

ハ. (誤) この場合は, 「貯蔵量 300 kg を超える」ではなくて, 「貯蔵量 500 kg を超える」が正しい規定です。

問 2. 正解 (4) ロ, ハ

解説

イ. (誤) 都道府県知事が行う保安検査は, 「6 ヶ月に 1 回」ではなくて, 「一年に 1 回」となっています。

ロ. (正) 正しい記述です。

ハ. (正) これも正しい記述です。

第3編
模擬問題

模擬問題の試験時間は，標準として
本試験と同じで，法令60分
保安管理技術90分としています。
　ただし，初めからこの時間で挑戦するか
どうかはあなたの自信のほどと相談するのが
良いのではないでしょうか？
少しずつ力をつけていきましょう！

【法令】
問1．次のイ，ロ，ハの記述のうち，正しいものはどれか。

（解答・解説 P.329）

イ．高圧ガス保安法は，高圧ガスによる災害を防止し，公共の安全を確保するために，高圧ガスの容器の製造及び取扱についても規制している。

ロ．金属の熱処理の燃料に供するための貯蔵設備が質量2000キログラムである液化石油ガスの消費設備によりそのガスを消費する者は，特定高圧ガス消費者である。

ハ．温度35度以下において圧力が0.2メガパスカルとなる液化ガスは，高圧ガスである。

  (1)　イ，ロ
  (2)　イ，ハ
  (3)　ロ
  (4)　ロ，ハ
  (5)　ロ，ハ

問2．次のイ，ロ，ハの記述のうち，正しいものはどれか。

（解答・解説 P.329）

イ．高圧ガス保安法は，高圧ガスによる災害を防止して公共の安全を確保するという目的のために，高圧ガスの製造，貯蔵，販売，移動その他の取扱及び消費の規制をすることのみを定めている。

ロ．常用の温度35度において圧力が1メガパスカルとなる圧縮ガス（圧縮アセチレンガスを除く）であって，現在の圧力が0.8メガパスカルのガスは高圧ガスではない。

ハ．常用の温度において圧力が0.1メガパスカルの液化ガスであっても，圧力が0.2メガパスカルとなる時の温度が25度であるものは，高圧ガスである。

  (1)　イ，ロ
  (2)　イ，ハ
  (3)　ロ
  (4)　ロ，ハ
  (5)　ハ

問3. 次のイ, ロ, ハの記述のうち, 正しいものはどれか。

(解答・解説 P.330)

イ. 高圧ガスの販売の事業を営もうとする者は, 特に定められた場合を除き, 販売所ごとに事業開始後遅滞なく, その旨を都道府県知事に届け出ることとされている。

ロ. 販売業者が施さなければならない保安教育は, その販売所に選任している販売主任者を除く従業者に対するものに限られる。

ハ. 販売業者は, その所有する容器が盗難に遭った場合には, 遅滞なくその旨を都道府県知事または警察官に届け出なければならない。

(1) イ, ロ
(2) イ, ハ
(3) ロ
(4) ロ, ハ
(5) ハ

問4. 次のイ, ロ, ハの記述のうち, 正しいものはどれか。

(解答・解説 P.330)

イ. 液化石油ガスの販売業者が, その販売所に選任すべき販売主任者は, 第二種販売主任者免状の交付を受け, かつ, 液化石油ガス製造又は販売に関する6月以上の経験を有する者でよい。

ロ. 第一種貯蔵所の所有者又は占有者は, その第一種貯蔵所が危険な状態となった場合であって, 応急の措置を講ずることができない時は, その従業者又は必要に応じ付近の住民に避難するよう警告しなければならない。

ハ. 販売業者は, 同一の都道府県に新たに販売所を増設した場合, その販売所における高圧ガスの販売の事業開始後遅滞なく, その旨を都道府県知事に届け出なければならない。

(1) イ, ロ
(2) イ, ハ
(3) ロ
(4) ロ, ハ
(5) ハ

問5. 次のイ，ロ，ハの記述のうち，正しいものはどれか。(解答・解説 P.330)

イ．販売業者が高圧ガスの販売のために質量1万キログラムの液化石油ガスを貯蔵する時は，第二種貯蔵所において行うことができる。

ロ．容器に充てんされた高圧ガスである液化石油ガスの輸入検査において，その検査の対象は輸入した液化石油ガス及びその容器である。

ハ．液化石油ガスを販売する複数の販売所を有する販売業者は，その中の主たる販売所に液化石油ガスの販売に関する所定の帳簿を備えれば，その他の販売所にはその帳簿を備えなくてもよい。

(1) イ，ロ

(2) イ，ハ

(3) ロ

(4) ロ，ハ

(5) ハ

問6. 液化ガスの容器に関する次のイ，ロ，ハのうち，正しいものはどれか。 (解答・解説 P.331)

イ．容器附属品の再検査の期間は，その附属品が容器に装着されているか否かに関係なく2年と定められている。

ロ．容器検査に合格し，刻印等又は自主検査刻印等がされた容器の所有者がその容器の外面にしなければならない表示の中には，液化石油ガスの性質を示す文字の「燃」の明示がある。

ハ．液化石油ガスを充てんする容器には，その容器の耐圧試験における圧力の刻印等がなされていなければならない。

(1) イ，ロ

(2) イ，ハ

(3) ロ

(4) ロ，ハ

(5) ハ

問7. 次のイ，ロ，ハの記述のうち，正しいものはどれか。(解答・解説 P.331)

イ．液化石油ガスの残ガス容器を，そのまま土中に埋めて廃棄した。

ロ．液化石油ガスの貯蔵を伴わない販売所では，販売主任者を選任する必要はない。

ハ．液化石油ガスの廃棄を継続かつ反復して行わなければならないので，液化石油ガスの滞留を検知するための措置を講じた。

  (1)　イ，ロ

  (2)　イ，ハ

  (3)　ロ

  (4)　ロ，ハ

  (5)　ハ

問 8．次のイ，ロ，ハの記述のうち，正しいものはどれか。(解答・解説 P.331)

イ．液化石油ガス法は，液化石油ガスによる災害を防止するために，一般消費者に対する液化石油ガスの販売を規制している。

ロ．液化石油ガス法の目的に一つに，一般消費者に対する液化石油ガスの流通を規制することにより，充てん事業者の事業の健全な発展を図ることが挙げられている。

ハ．液化石油ガスを冷房（船舶その他定められた施設内におけるものを除く）のための燃料として業務の用に消費する特定高圧ガス消費者は，一般消費者等である。

  (1)　イ，ロ

  (2)　イ，ハ

  (3)　ロ

  (4)　ロ，ハ

  (5)　ハ

問 9．次のイ，ロ，ハの記述のうち，正しいものはどれか。(解答・解説 P.332)

イ．一般消費者等には，液化石油ガスの消費の態様が液化石油ガスを燃料（自動車用のものを除く）として生活の用に供する一般消費者に類似している者であって，特に定められた者が含まれている。

ロ．二つ以上の経済産業局の管轄区域内に販売所を設置して液化石油ガスの販売事業を行おうとする者は，その販売所を管轄するそれぞれの経済産業局長に登録の申請をしなければならない。

ハ．料理飲食店（特に定められている施設内のものを除く）の暖房又は冷房のための燃料として液化石油ガスを業務用に消費する者は，一般消費者等である。

(1) イ，ロ
(2) イ，ハ
(3) ロ
(4) ロ，ハ
(5) ハ

問 10. 次のイ，ロ，ハの記述のうち，正しいものはどれか。

(解答・解説 P.332)

イ．充てん設備を用いて供給設備に液化石油ガスを充てんしようとする者
　は，充てん設備ごとに，その使用の本拠の所在地を管轄する産業保安監督
　部長の許可を受けなければならない。

ロ．液化石油ガスとは，プロパン，ブタン，プロピレンを主成分とするガス
　を液化したもの（その充てんされた容器内又は容器に附属する気化装置内
　において気化したものを含む）をいう。

ハ．充てん事業者は，充てん設備において，定期に，その許可をした都道府
　県知事又は高圧ガス保安協会若しくは指定保安検査機関が行う保安検査を
　受けなければならない。

(1) イ，ロ
(2) イ，ハ
(3) ロ
(4) ロ，ハ
(5) ハ

問 11. 次のイ，ロ，ハの記述のうち，正しいものはどれか。

(解答・解説 P.333)

イ．液化石油ガスの消費の態様が一般消費者が燃料として生活の用に供する
　場合に類似している者として，液化石油ガスを暖房若しくは冷房又は飲食
　物の調理（船舶，鉄道車両及び航空機内のものを除く）のための燃料とし
　て業務の用に供する者（高圧ガス保安法の特定高圧ガス消費者である者を
　除く）は，「一般消費者等」である。

ロ．液化石油ガス法は，一般消費者等に対する液化石油ガスの販売，移動及
　び製造を規制することにより，液化石油ガスによる災害を防止するととも
　に液化石油ガスの価格を適正にし，もって公共の福祉を増進することを目

的としている。

ハ．二つ以上の都道府県の区域内に特定供給設備を設置して液化石油ガスを供給しようとする者は，経済産業大臣の許可を受けなければならない。

  (1)　イ

  (2)　イ，ハ

  (3)　ロ

  (4)　ロ，ハ

  (5)　ハ

問 12．次のイ，ロ，ハの記述のうち，正しいものはどれか。(解答・解説 P.333)

イ．液化石油ガス販売事業者は，新たに一般消費者等に液化石油ガスを供給する場合において，その一般消費者等に液化石油ガスを供給する他の液化石油ガス販売事業者の所有する供給設備が既に設置されている時は，その一般消費者等の同意を得て，遅滞なくその供給設備を撤去しなければならない。

ロ．液化石油ガス販売事業者は，一般消費者等から液化石油ガス販売契約の解除の申し出があった場合において，消費設備に係る配管であって液化石油ガス販売事業者が所有するものについては，やむを得ない場合を除き，一般消費者等に所有権を移転してはならない。

ハ．液化石油ガス販売事業者が一般消費者等と液化石油ガスの販売契約を締結した時，その一般消費者等に交付する書面に記載すべき事項の一つに，消費設備に係る配管を施工した液化石油ガス設備工事事業者の名称がある。

  (1)　イ，ロ

  (2)　イ，ハ

  (3)　ロ

  (4)　ロ，ハ

  (5)　正しいものなし

問 13．次のイ，ロ，ハの記述のうち，正しいものはどれか。(解答・解説 P.334)

イ．容器による貯蔵設備であって消火設備を設けなければならないものは，液化石油ガスの貯蔵能力が 2000 キログラム以上 3000 キログラム未満のものに限られている。

ロ．供給設備のバルブ，集合装置及び供給管は，漏洩試験に合格するものとした。

ハ．1つの供給設備により5つの消費設備に液化石油ガスを供給するので，それぞれのガスメーターの入口側の供給管にガス栓を設けた。

(1) イ，ロ
(2) イ，ハ
(3) ロ
(4) ロ，ハ
(5) ハ

問14. 次のイ，ロ，ハの記述のうち，正しいものはどれか。(解答・解説 P.334)

イ．特定供給設備を設置して液化石油ガスを供給しようとする液化石油ガス販売事業者は，その特定供給設備の所在地を管轄する都道府県知事の許可を受けなければならない。

ロ．充てん設備を用いて供給設備に液化石油ガスを充てんしようとする者は，その充てん設備ごとに経済産業大臣の許可を受けなければならない。

ハ．保安業務のうち消費設備の調査の方法及び周知の方法は，液化石油ガス販売事業者が一般消費者等と液化石油ガスの販売契約を締結した時，その一般消費者等に交付する書面に記載すべき事項に含まれている。

(1) イ，ロ
(2) イ，ハ
(3) ロ
(4) ロ，ハ
(5) ハ

問15. 次のイ，ロ，ハの記述のうち，正しいものはどれか。(解答・解説 P.334)

イ．液化石油ガス販売事業者は，販売所ごとに，その販売する一般消費者等の数に応じて，所定の数以上の業務主任者を選任しなければならない。

ロ．令和元年10月1日に第二種販売主任者免状の交付を受けた者を令和2年2月1日に業務主任者に選任した液化石油ガス販売事業者は，令和2年4月1日から3年以内に，その者に第一回の業務主任者の講習を受けさせなければならない。

ハ．液化石油ガス販売事業者は，業務主任者の代理者に，液化石油ガス販売の実務に関する経験年数に関わらず選任することができる。

(1) イ，ロ

(2)　イ，ハ

(3)　ロ

(4)　ロ，ハ

(5)　ハ

問 16.　消費設備の技術上の基準として，次の記述のうち正しいものはどれか。
（解答・解説 P.335）

イ．配管は，漏洩試験に合格するものでなければならない。

ロ．配管は，建築物の基礎面下に設置してはならない。

ハ．配管，ガス栓及び末端ガス栓と燃焼器の間の管は，使用上支障のある腐食，割れ等の欠陥がないものでなければならない。

(1)　イ，ロ，ハ

(2)　イ，ハ

(3)　ロ

(4)　ロ，ハ

(5)　ハ

問 17.　設備工事に関する，次のイ，ロ，ハの記述のうち正しいものはどれか。
（解答・解説 P.335）

イ．特定液化石油ガス設備工事事業者は，事業開始の日から 30 日以内に，その旨を都道府県知事に届け出なければならない。

ロ．特に定められた施設に，貯蔵設備の貯蔵能力が所定の量以上の供給設備の設置の工事をした者は，その施設の所在地を管轄する都道府県知事にその旨を届け出なければならない。

ハ．液化石油ガス設備工事後に行う気密試験の作業は，販売所の業務主任者に選任されている者であれば，液化石油ガス設備士免状を有していなくても，実施できる。

(1)　イ

(2)　イ，ロ

(3)　ロ

(4)　ロ，ハ

(5)　ハ

問 18. 次のイ，ロ，ハの記述のうち，正しいものはどれか。(解答・解説 P.335)

イ．特定液化石油ガス設備工事事業者は，特に定められた特定液化石油ガス
　設備工事をした時は，所定の事項に関する記録を作成し，その記録及びそ
　の特定液化石油ガス設備工事に係る配管図面をその工事に係る事業所にお
　いて所定の期間保存しなければならない。

ロ．特定液化石油ガス設備工事事業者は，特に定められた特定液化石油ガス
　設備工事をした時は，その特定液化石油ガス設備工事に係る供給設備又は
　消費設備の見やすい場所に所定の事項を記載した表示を付さなければなら
　ない。

ハ．特定供給設備を設置して液化石油ガスを供給しようとする液化石油ガス
　販売事業者は，特定供給設備ごとに，その特定供給設備の所在地を管轄す
　る都道府県知事の許可を受けなければならない。

　(1)　イ，ロ
　(2)　イ，ロ，ハ
　(3)　ロ
　(4)　ロ，ハ
　(5)　ハ

問 19. 次のイ，ロ，ハの記述のうち，正しいものはどれか。(解答・解説 P.336)

イ．充てん事業者は，所定の充てん作業者講習の課程を修了した者に，充て
　ん設備による供給設備への液化石油ガスの充てんを行わせなければならな
　い。

ロ．液化石油ガス販売事業者は，その販売契約を締結している一般消費者等
　について行う保安業務の全部又は一部を保安機関に委託することができ
　る。

ハ．保安業務を行う保安機関は，保安業務に関する規程を定め，市町村長の
　認可を受けなければならない。

　(1)　イ，ロ
　(2)　イ，ハ
　(3)　ロ
　(4)　ロ，ハ
　(5)　ハ

問 20. 次のイ，ロ，ハの記述のうち，正しいものはどれか。(解答・解説 P.336)

イ. 液化石油ガス販売事業者が，その従業者に対して行う保安教育の計画を立案することは，業務主任者の業務の一環である。

ロ. 貯蔵設備には，消火設備を設けなければならない。

ハ. 充てん容器に係る貯蔵施設に不燃性又は難燃性の材料を使用した軽量な屋根を設けるべき定めはない。

(1) イ，ロ

(2) イ，ハ

(3) ロ

(4) ロ，ハ

(5) ハ

【保安管理技術】

問 1. 次のイ，ロ，ハ，ニの記述のうち，正しいものはどれか。

(解答・解説 P.336)

イ. ブタン 1 モルの質量は，44 g である。

ロ. プロパン分子は，炭素原子 3 個と水素原子 8 個とが結合している飽和炭化水素である。

ハ. 可燃物が燃焼するための条件は，可燃物自身があることに加えて，点火源があること，そして，窒素供給源があることである。

ニ. 蒸発熱は潜熱であるが，凝縮熱は顕熱である。

(1) イ，ハ

(2) イ，ニ

(3) ロ，ハ

(4) ロ

(5) ロ，ハ，ニ

問 2. 次のイ，ロ，ハ，ニの関係式のうち，正しいものはどれか。

(解答・解説 P.337)

イ. $1 \, Pa = 1 \, N/m^2$

ロ. $1 \, W = 1 \, J \cdot s$

ハ. $1 \, J = 1 \, N \cdot m$

ニ. $1 \, N = 1 \, kg \cdot m/s^3$

 (1) イ，ロ，ハ

 (2) イ，ロ，ニ

 (3) イ，ハ

 (4) イ，ニ

 (5) ロ，ハ，ニ

問 3. 附属品検査に合格した容器バルブに刻印される事項につき，次のうち正しいものはどれか。

（解答・解説 P.337）

イ．附属品製造業者の名称またはその符号

ロ．検査実施者の名称の符号

ハ．附属品の記号および番号

ニ．質量（記号 TP，単位 kg）

 (1) イ，ロ

 (2) イ，ハ

 (3) イ，ニ

 (4) イ，ロ，ハ

 (5) ロ，ニ

問 4. 容器に関する次のイ，ロ，ハ，ニの記述のうち，正しいものはどれか。

（解答・解説 P.337）

イ．容器の材料としては，一般に炭素鋼が用いられる。

ロ．消費者先に設置された容器は，一般に肩部より底部のほうが腐食されやすい。

ハ．容器バルブの充てん口のねじは，一般に右ねじである。

ニ．容器バルブに組み込まれる安全弁は，バタフライ式安全弁である。

 (1) イ，ロ

 (2) イ，ニ

 (3) ロ，ハ

 (4) ロ，ニ

 (5) ロ，ハ，ニ

問5. 次の記述のうち，ガスメーターおよびマイコンメーターに関して正しいものはどれか。

(解答・解説 P.338)

イ．調整器より 10 cm 高い位置にガスメーターを設置した。

ロ．マイコンメーター S や E には感震器が内蔵されていて，ガスの使用中に震度 3 相当の地震を感知した場合にガスを遮断する。

ハ．圧力式微少漏洩警告機能は，ガス使用中にマイコンメーター内蔵の圧力センサがマイコンメーター入口から末端ガス栓入口までの漏洩をチェックし，検知した場合に警告する機能である。

ニ．検定に合格したガスメーターには検定証印等が付けられているが，この検定証印等が脱落していても検定有効期間の中であれば使用することは問題ない。

(1)　イ

(2)　イ，ロ

(3)　ロ

(4)　ロ，ハ

(5)　ロ，ハ，ニ

問6. 次のイ，ロ，ハ，ニの記述のうち，正しいものはどれか。

(解答・解説 P.338)

イ．メカニカル継手は，ねじを切らないままの管を継手本体に挿入し，座金，ナットあるいは，パッキンなどを用いて接合する方式の継手のことである。

ロ．ガス用ポリエチレン管は，電気的腐食や化学的腐食のおそれがほとんどない材料であり，屋外の埋設部に使用できる。

ハ．四フッ化エチレン製テープを，配管ねじ込み接合部の漏洩防止材として，配管の雄ねじ部に巻きつけて用いることは妥当である。

ニ．集団供給方式の集合装置において，その高圧配管用として配管用炭素鋼鋼管（SGP）に亜鉛めっきを施した白ガス管を用いることは可能である。

(1)　イ，ロ，ハ

(2)　イ，ロ，ニ

(3)　イ，ハ

(4)　イ，ニ

(5)　ロ，ハ，ニ

問 7. 次のイ，ロ，ハ，ニの記述のうち，正しいものはどれか。

イ．電気的絶縁継手は，腐食電流を配管の必要な場所あるいは必要な間隔で遮断するために用いられる。

ロ．埋設部の継手部に使用するシール材は，継手の可撓性を持たせておくために，乾性のものでなければならない。

ハ．圧力配管用炭素鋼鋼管（STPG）は，同一呼び径の場合には，そのスケジュール番号が小さいほど肉厚が厚くて耐圧性能も優れている。

ニ．配管記号として Ⓥ は蒸発器（気化器）を，Ⓡ は単段式調整器を意味している。

(1)　イ，ハ
(2)　イ，ニ
(3)　ロ，ハ
(4)　ロ，ニ
(5)　ロ，ハ，ニ

問 8. 保安容器に関する次のイ，ロ，ハ，ニの記述のうち正しいものはどれか。

（解答・解説 P.339）

イ．機械式自記圧力計は，1 年に 1 回以上の頻度で，マノメーターと比較試験を行って合格することを確認する。

ロ．機械式自記圧力計は，LP ガス設備に関する配管の気密試験，漏洩試験，調整器の検査などに用いられる。

ハ．電気式ダイヤフラム式自記圧力計は，高精度の精密機器であるので，測定するガスの温度変動によって誤差が出る心配はない。

ニ．ボーリングバーは，簡便に用いられるもので，吸引式によるガス検知器である。

(1)　イ，ロ
(2)　ロ
(3)　イ，ハ
(4)　イ，ニ
(5)　ロ，ハ，ニ

問9. 次のイ，ロ，ハ，ニの記述のうち，正しいものはどれか。

（解答・解説 P.340）

イ．張力式のガス放出防止型ホースは，落雷や地震で容器が転倒するなどの要因で高圧ホースに所定の引張力が加わると，防止機構が働いてガスを遮断するものである。

ロ．不完全燃焼警報器は一酸化炭素警報器でもあり，ガス漏れ警報器と組み合わせた複合型のものもある。

ハ．不完全燃焼警報器は，検知精度を高めるために，燃焼器の排気が直接当たるところに設置することは有効である。

ニ．対震自動ガス遮断器には，復帰安全機構が組み込まれており，その下流側に所定以上のガス漏れがある場合には，復帰できないものになっている。

- (1) イ，ロ，ハ
- (2) イ，ロ，ニ
- (3) イ，ハ
- (4) イ，ニ
- (5) ロ，ハ，ニ

問10. LPガス用燃焼器の給排気に関して，次のうち正しいものはどれか。

（解答・解説 P.340）

イ．開放燃焼式とは，燃焼用の空気を屋内からとり，燃焼排ガスを排気筒によって自然通気力にて屋外に排出するものをいう。

ロ．RF方式とは，給排気を外気に接する壁に貫通する気筒により屋外に出し，給排気用送風機にて給排気するものをいう。

ハ．こんろは，半密閉燃焼方式に属する燃焼器である。

ニ．BF式ふろがまは密閉燃焼式であって，自然給排気式のガス燃焼器である。

- (1) イ，ハ，ニ
- (2) イ，ニ
- (3) ロ，ハ，ニ
- (4) ロ，ニ
- (5) ニ

【保安管理技術】　模擬問題

問 11. 次のイ，ロ，ハ，ニの記述のうち，正しいものはどれか。

(解答・解説 P.340)

イ．不完全燃焼防止装置の検知部としては，主に温度ヒューズが用いられている。

ロ．過熱防止装置は，ふろがまに水がない場合に，バーナへのガス通路を開けないという形の空だき防止機構である。

ハ．熱電対式の立ち消え安全装置は，バーナ部に取り付けられた熱電対の熱起電力によって炎の有無を検知する。

ニ．瞬間湯沸器およびふろがまには，立ち消え安全装置を取り付けることが義務づけられている。

(1) イ，ロ，ハ
(2) イ，ロ，ニ
(3) イ，ハ
(4) イ，ニ
(5) ハ，ニ

問 12. LP ガス販売所に関して次のイ，ロ，ハ，ニのうち正しいものはどれか。

(解答・解説 P.341)

イ．加圧式消火器は，容器本体に腐食があると使用時に容器が破裂するおそれがあるので，定期的な外観点検が必要である。

ロ．貯蔵施設の屋根として，ポリエチレン製の軽量な板材を用いた。

ハ．床面積 30 m² の貯蔵施設に，能力単位として A−4 および B−10 の粉末消火器を 1 個設置した。

ニ．貯蔵施設に耐圧防爆構造の照明設備を設けることは適切である。

(1) イ，ロ
(2) イ，ロ，ニ
(3) イ，ハ
(4) イ，ニ
(5) ロ，ハ，ニ

問 13. 次のイ，ロ，ハ，ニの記述のうち，正しいものはどれか。

(解答・解説 P.341)

イ．LP ガス配管の圧力損失は，その中を流れる LP ガスの流量が増えるほ

ど，大となる。

ロ．一般家庭への LP ガス供給として，容器を戸別に取り付ける場合には，専用の蒸発器を設けることは少なく，LP ガスの容器が蒸発器としての機能を果たす。

ハ．複数の燃焼器がある場合の，家庭用 LP ガスの最大ガス消費量を求めるには，それらの燃焼器のうち最もガス消費量の大きい燃焼器のガス消費量をもって最大ガス消費量とする。

ニ．供給設備として設置した 50 kg 型容器の地震による転倒を防ぐため，2本の鎖を用いて，1本目は容器の底部から容器の高さの 3/4，2本目は 1/4 の位置にそれぞれ取り付けた。

  (1) イ，ロ，ハ

  (2) イ，ロ，ニ

  (3) イ，ハ

  (4) イ，ニ

  (5) ロ，ハ，ニ

問 14. LP ガスの集団供給に関する次のイ，ロ，ハ，ニの記述のうち正しいものはどれか。

（解答・解説 P.342）

イ．8階建ての中層住宅への供給設備として，高さによる圧力損失を考慮し，中圧供給方式を採用した。

ロ．供給管の埋設部の腐食を防ぐために，電気防食法として流電陽極法で用いる陽極材料は，通常はタングステンが用いられる。

ハ．2系列方式小規模集団供給方式および2系列方式中規模集団供給方式の片側容器設置本数は，最大ガス消費量（集団）に 1.1 倍の安全率を掛けて求める。

ニ．白ガス管は腐食しにくいので，埋設部の配管材料として用いることは妥当である。

  (1) イ

  (2) イ，ロ

  (3) イ，ハ

  (4) イ，ニ

  (5) ロ，ハ，ニ

【保安管理技術】模擬問題

問 15. LP ガスのバルク供給に関する次の記述のうち，正しいものはどれか。

（解答・解説 P.342）

イ．新型バルクローリ（充てん設備）には，充てん作業中に自動車の衝突などの異常な衝撃を検知した際に，充てんを自動的に停止する機能が設けられている。

ロ．バルク貯槽は大容量であるので，複数のバルク貯槽を接続して液移動が行われてもその影響を受けることはない。

ハ．バルク供給方式では，ポンプあるいは圧縮機を備えたバルクローリが，消費先のバルク貯槽などに LP ガスを供給する。

ニ．バルク貯槽には，LP ガスの受入に際して，液面が設定位置に達した場合に液の取り入れを停止する過充てん防止装置が設けられている。

(1) イ，ロ，ハ

(2) イ，ロ，ニ

(3) イ，ハ，ニ

(4) イ，ニ

(5) ロ，ハ，ニ

問 16. LP ガスのバルク供給に関する次の記述のうち，正しいものはどれか。

（解答・解説 P.342）

イ．新型バルクローリ（充てん設備）は，通常の充てん作業におけるポンプの起動や停止，あるいは，異常時における緊急停止などの操作を遠隔で行うことはできない。

ロ．新型バルクローリ（充てん設備）の充てんホース先端のカップリング用液流出防止装置には，充てん作業において大気へ LP ガスを極力漏らさずにバルク貯槽などのカップリングとの接続および取外しを行える機能がある。

ハ．地下埋設バルク貯槽の設置に際して，バルク貯槽の浮き上がり防止のためにコンクリート板にベルト掛けで固定した。

ニ．新型バルクローリ（充てん設備）には，充てん作業中にいたずらなどで操作箱の扉が開くなどの場合に，充てん作業を自動停止する機能がある。

(1) イ，ハ

(2) イ，ニ

(3) ロ，ハ

(4) ロ，ニ

(5)　ロ，ハ，ニ

問17. 次のイ，ロ，ハ，ニの記述のうち，正しいものはどれか。

（解答・解説 P.343）

イ．消費型蒸発器において使用されるサーモバルブは，熱媒の温度低下を検知し，液状のLPガスの流出を防止するために設けられる。

ロ．LPガス燃焼装置は，灯油などの液体燃料の燃焼装置と比べて，空気との混合がブラストバーナの使用でスムーズに行われるため，高負荷燃焼が容易可能である。

ハ．ダイリュートガスは，空気により希釈されているので，比重も空気に近くなり，無風状態でなければ，万一漏洩してもガスの滞留のおそれは減少する。

ニ．ベーパライザミキサは蒸発器出口のLPガスに空気を混合する装置であり，方式として，ベンチュリ管式，ブロワ式，流量比例制御式などがある。

(1)　イ，ロ，ハ
(2)　イ，ロ，ニ
(3)　イ，ロ，ハ，ニ
(4)　イ，ニ
(5)　ロ，ハ，ニ

問18. LPガスの販売方法に関する次の記述のうち，正しいものはどれか。

（解答・解説 P.343）

イ．容器交換時に充てん容器を集合装置に接続し，容器バルブを開いた際に，弁棒とグランドナットの間からガス漏れがあったため，充てん容器を集合装置から取り外して持ち帰った。

ロ．既設の消費者の供給管と配管の変更作業を，責任者の監督下において完了したので，LPガスの漏洩の有無を確認しないでガスの供給を開始した。

ハ．LPガス消費者の消費設備を供給開始時に規則で定める技術上の基準に適合していることの調査を行ったので，その後定期的に行わなかった。

ニ．貯蔵施設の敷地において，充てん容器と残ガス容器を区分することなく，混在させて置いた。

(1)　イ
(2)　イ，ロ
(3)　ロ

【保安管理技術】　模擬問題

(4) ロ，ハ

(5) ハ，ニ

問19. LPガスの販売方法に関する次の記述のうち，正しいものはどれか。

（解答・解説 P.344）

イ．貯蔵施設内において，充てん容器を常に40℃以下に保つ必要はない。

ロ．貯蔵施設内において，充てん容器と残ガス容器とを区分して置く必要はとくにはない。

ハ．マイコンメーターSを備えた供給設備の供給管や配管の漏洩試験の代替として，その検知機能の範囲内に限り，漏洩検知装置の警告表示の有無を6ヶ月に1回確認した。

ニ．漏洩検知装置の警告表示の有無の確認の関係帳簿を1年間保管した。

(1) イ，ハ

(2) イ，ニ

(3) ロ，ハ

(4) ロ，ニ

(5) ニ

問20. 次のイ，ロ，ハ，ニの記述のうち，正しいものはどれか。

（解答・解説 P.344）

イ．LPガス容器に用いる容器バルブの充てん口のねじは，メーカーによって右ねじのものも左ねじのものもある。

ロ．家庭用に用いられる50 kg型のLPガス容器には，基本的に溶接容器が使用され，その材質としては主として炭素鋼が用いられている。

ハ．自動切替式調整器の調整圧力は，その上限値が3.5 kPaである。

ニ．流量式微少漏洩警告機能は，マイコンメーターの上流に設置された調整器出口から燃焼器入口までの微少なガス漏れを監視し，所定の期間において連続して検出された場合に警告表示を行う機能である。

(1) イ，ロ

(2) イ，ロ，ニ

(3) イ，ハ

(4) ロ

(5) ロ，ハ，ニ

正解と解説

【法令】

問1. 正解 ⑵ イ, ハ

解説

イ. （正）高圧ガス保安法は，高圧ガスによる災害を防止し，公共の安全を確保するために，高圧ガスの容器の製造及び取扱についても規制しています。法の目的と用語の定義は，法律科目の中で最も重要な事項です。文章を確認しておいて下さい。

ロ. （誤）2000キログラムの貯蔵能力では，特定高圧ガス消費者に該当しません。該当するのは，3000キログラム以上の場合です。この数字も重要です。なお，技術的文書ではkgおよびMPaと書かれますが，法律の文章では，kgをキログラム，MPaをメガパスカルと書いています。温度の℃も法律の文章では，度と書かれます。

ハ. （正）温度35度以下において圧力が0.2メガパスカルとなる液化ガスは，高圧ガスです。これが高圧ガス（液化ガス）の定義です。

問2. 正解 ⑸ ハ

解説

イ. （誤）高圧ガス保安法は各種の規制を定めていますが，規制することのみを求めているという記述は誤りです。民間事業者や高圧ガス保安協会などの団体が高圧ガスの保安に関する自主的な活動を促進させるための規定も設けていますので，「規制をすることのみ」は誤りです。

ロ. （誤）前問の肢ハおよび本問の肢ハは，液化ガスに関する問題（高圧ガス保安法第2条（定義）第3号）ですが，この問題は圧縮ガスに関する定義（同条第1号）の問題です。現在の圧力が0.8メガパスカルであっても，温度35度において1メガパスカル以上である圧縮ガスは高圧ガスになります。

ハ. （正）正しい記述です。液化ガスとしての高圧ガスの定義（前問肢ハ）に該当します。

問3. 正解 (5) ハ

解説

イ． (誤) 役所への手続きには，許可を必要とするものと届出だけでよいものとがあります。内容的に重要なものや技術的に審査を要するものなどは一般に許可になります。高圧ガスの製造などは許可ですが，販売関係は届出となります。ただし，届出でも，事後でよいものと，事前に必要なものがあります。肢イの場合は，事前（開始の20日前まで）に，関係書類を添えて届け出ることとされています。

ロ． (誤) 販売業者が施さなければならない保安教育は，従業者の全員に対するものでなければなりません。販売主任者も例外ではありません。

ハ． (正) 販売業者は，その所有する容器が盗難に遭った場合には，遅滞なくその旨を都道府県知事または警察官に届け出なければなりません。

問4. 正解 (1) イ，ロ

解説

イ． (正) 記述の通りです。液化石油ガスの販売業者が，その販売所に選任すべき販売主任者は，第二種販売主任者免状の交付を受け，かつ，液化石油ガス製造又は販売に関する6月以上の経験を有する者でよいことになっています。

ロ． (正) 第一種貯蔵所の所有者又は占有者は，その第一種貯蔵所が危険な状態となった場合であって，応急の措置を講ずることができない時は，その従業者又は必要に応じ付近の住民に避難するよう警告しなければなりません。

ハ． (誤) 新たに販売所を増設する場合も，届出でよいのですが，事業開始後ではなく，これも事前に（20日前までに）しなければなりません。

問5. 正解 (3) ロ

解説

イ． (誤) 1万キログラムは1000 m³とみなされますので，p.236の基準によれば，液化石油ガスが第二種ガスであることを考えて，第一種貯蔵所でなければならないことになります。

ロ． (正) 容器に充てんされた高圧ガスである液化石油ガスの輸入検査において，その検査の対象は輸入した液化石油ガス及びその容器です。

ハ．（誤）役所は，それぞれの販売所にきっちりと帳簿を備えることを要求します。

問6．正解　⑷　ロ，ハ

解説

イ．（誤）容器附属品の再検査の期間は，条件によりいろいろで2年に決まっている訳ではありません。

ロ．（正）容器検査に合格し，刻印等又は自主検査刻印等がされた容器の所有者がその容器の外面にしなければならない表示の中には，液化石油ガスの性質を示す文字の「燃」の明示があります。

ハ．（正）液化石油ガスを充てんする容器には，その容器の耐圧試験における圧力の刻印等がなされていなければなりません。

問7．正解　⑸　ハ

解説

イ．（誤）液化石油ガスを容器とともに廃棄することは禁じられています。

ロ．（誤）貯蔵の有無にかかわらず，販売所ごとに販売主任者を選任する必要があります。

ハ．（正）液化石油ガスの廃棄を継続かつ反復して行わなければならないので，液化石油ガスの滞留を検知するための措置を講じたことは適切な措置です。

問8．正解　⑵　イ，ハ

解説

イ．（正）液化石油ガス法の第1条（目的）に関する出題です。液化石油ガス法は，液化石油ガスによる災害を防止するために，一般消費者に対する液化石油ガスの販売を規制しています。この「規制する」ということは，禁止ではありません。販売において安全を確保するための条件を付けているということです。

ロ．（誤）液化石油ガスの販売や液化石油ガス器具等の製造や販売は規制されていますが，流通を規制することにはなっていません。流通を規制する意味はないと考えられます。

ハ．（正）液化石油ガスを冷房（船舶その他定められた施設内におけるもの

を除く）のための燃料として業務の用に消費する特定高圧ガス消費者は，一般消費者等です。液化石油ガス法およびその施行令第二条に規定されています（p.23 **一般消費者等**参照）。

問9. 正解 ⑵ イ，ハ

解説

イ．（正）一般消費者等には，液化石油ガスの消費の態様が液化石油ガスを燃料（自動車用のものを除く）として生活の用に供する一般消費者に類似している者であって，特に定められた者が含まれています。ざっくり言うと，「LPガスを（自動車以外で）燃料として生活に使っている一般消費者（のような人）で特に決められた人を一般消費者等という。」⇐（　）の中を読みとばすとよりわかりやすいです（p.23参照）。

ロ．（誤）二つ以上の経済産業局の管轄区域内に販売所を設置して液化石油ガスの販売事業を行なおうとする場合は，経済産業大臣に登録の申請をすることになります。

ハ．（正）料理飲食店（特に定められている施設内のものを除く）の暖房又は冷房のための燃料として液化石油ガスを業務用に消費する者は，一般消費者等です。

問10. 正解 ⑷ ロ，ハ

解説

イ．（誤）充てん設備を用いて供給設備に液化石油ガスを充てんしようとする者は，充てん設備ごとに，その使用の本拠の所在地を管轄する産業保安監督部長ではなくて，設備の所在地を管轄する都道府県知事の許可を受けなければなりません。

ロ．（正）液化石油ガスとは，プロパン，ブタン，プロピレンを主成分とするガスを液化したもの（その充てんされた容器内又は容器に附属する気化装置内において気化したものを含む）をいいます。

ハ．（正）充てん事業者は，充てん設備において，定期に，その許可をした都道府県知事又は高圧ガス保安協会若しくは指定保安検査機関が行う保安検査を受けなければなりません。

問11. 正解　(1)　イ

解説

イ．（正）正しい文章です。液化石油ガスの消費の態様が一般消費者が燃料として生活の用に供する場合に類似している者として，液化石油ガスを暖房若しくは冷房又は飲食物の調理（船舶，鉄道車両及び航空機内のものを除く）のための燃料として業務の用に供する者（高圧ガス保安法の特定高圧ガス消費者である者を除く）は，「一般消費者等」です。

ロ．（誤）液化石油ガス法は，液化石油ガスによる災害を防止することに加えて，液化石油ガスの取引を適正にすることを目的としていますが，「価格の適正化」はうたっていません。

ハ．（誤）二つ以上の都道府県の区域内に特定供給設備を設置して液化石油ガスを供給しようとする者は，経済産業大臣の許可ではなく，それぞれの都道府県知事の許可を受けなければなりません。

問12. 正解　(5)　正しいものなし

解説

イ．（誤）液化石油ガス販売事業者は，新たに一般消費者等に液化石油ガスを供給する場合において，その一般消費者等に液化石油ガスを供給する他の液化石油ガス販売事業者の所有する供給設備が既に設置されている時は，当該販売事業者に対して解除の申し出があってから相当期間が経過するまでは，当該供給設備を撤去しないこととされています。「遅滞なく」は誤りです。

ロ．（誤）一般消費者等から液化石油ガス販売契約の解除の申し出があった場合において，消費設備に係る配管であって液化石油ガス販売事業者が所有するものについては，やむを得ない場合を除き，適正な対価で一般消費者等に所有権を移転することとされています。

ハ．（誤）液化石油ガス販売事業者が一般消費者等と液化石油ガスの販売契約を締結した時，その一般消費者等に交付する書面に記載すべき事項の中に，消費設備に係る配管を施工した液化石油ガス設備工事事業者の名称はありません。

問 13. 正解 (4) ロ，ハ

解説

イ．（誤）容器による貯蔵設備であって消火設備を設けなければならないものは，液化石油ガスの貯蔵能力が 1000 キログラム以上 3000 キログラム未満のものとされています。

ロ．（正）供給設備のバルブ，集合装置及び供給管は，漏洩試験に合格するものとすることは適切です。

ハ．（正）1 つの供給設備により 5 つの消費設備に液化石油ガスを供給するので，それぞれのガスメーターの入口側の供給管にガス栓を設けることは適切です。

問 14. 正解 (2) イ，ハ

解説

イ．（正）特定供給設備を設置して液化石油ガスを供給しようとする液化石油ガス販売事業者は，その特定供給設備の所在地を管轄する都道府県知事の許可を得なければなりません。

ロ．（誤）充てん設備を用いて供給設備に液化石油ガスを充てんしようとする者は，その充てん設備ごとに，経済産業大臣ではなくて，都道府県知事の許可を受けなければなりません。

ハ．（正）保安業務のうち消費設備の調査の方法及び周知の方法は，液化石油ガス販売事業者が一般消費者等と液化石油ガスの販売契約を締結した時，その一般消費者等に交付する書面に記載すべき事項に含まれています。

問 15. 正解 (1) イ，ロ

解説

イ．（正）液化石油ガス販売事業者は，販売所ごとに，その販売する一般消費者等の数に応じて，所定の数以上の業務主任者を選任しなければなりません。

ロ．（正）令和元年 10 月 1 日に第二種販売主任者免状の交付を受けた者を令和 2 年 2 月 1 日に業務主任者に選任した液化石油ガス販売事業者は，令和 2 年 4 月 1 日から 3 年以内に，その者に第一回の業務主任者の講習を受けさせなければなりません。正しい記述です。

ハ．（誤）「経験年数に関わらず」というのは誤りで，実務経験は6ヶ月を
要します。

問16．正解 ⑴ イ，ロ，ハ
解説
イ．（正）配管は漏洩試験に合格するものでなければなりません。

ロ．（正）配管は，建築物の基礎面下に設置してはなりません。

ハ．（正）配管，ガス栓及び末端ガス栓と燃焼器の間の管は，使用上支障の
ある腐食，割れ等の欠陥がないものでなければなりません。

問17．正解 ⑵ イ，ロ
解説
イ．（正）特定液化石油ガス設備工事事業者は，事業開始の日から30日以
内に，その旨を都道府県知事に届け出なければなりません。

ロ．（正）特に定められた施設に，貯蔵設備の貯蔵能力が所定の量以上の供
給設備の設置の工事をした者は，その施設の所在地を管轄する都道府県知
事にその旨を届け出なければなりません。

ハ．（誤）液化石油ガス設備工事後に行う気密試験の作業は，液化石油ガス
設備士免状を有している者でなければ実施できません。

問18．正解 ⑵ イ，ロ，ハ
解説
イ．（正）特定液化石油ガス設備工事事業者は，特に定められた特定液化石
油ガス設備工事をした時は，所定の事項に関する記録を作成し，その記録
及びその特定液化石油ガス設備工事に係る配管図面をその工事に係る事業
所において所定の期間保存しなければなりません。

ロ．（正）特定液化石油ガス設備工事事業者は，特に定められた特定液化石
油ガス設備工事をした時は，その特定液化石油ガス設備工事に係る供給設
備又は消費設備の見やすい場所に所定の事項を記載した表示を付さなけれ
ばなりません。

ハ．（正）特定供給設備を設置して液化石油ガスを供給しようとする液化石
油ガス販売事業者は，特定供給設備ごとに，その特定供給設備の所在地を
管轄する都道府県知事の許可を受けなければなりません。

問 19. 正解 (1) イ，ロ

解説

イ．（正）充てん事業者は，所定の充てん作業者講習の課程を修了した者に，充てん設備による供給設備への液化石油ガスの充てんを行わせなければなりません。

ロ．（正）液化石油ガス販売事業者は，その販売契約を締結している一般消費者等について行う保安業務の全部又は一部を保安機関に委託することができます。

ハ．（誤）保安業務を行う保安機関は，保安業務に関する規程を定め，経済産業大臣等の認可を受けなければなりません。

問 20. 正解 (1) イ，ロ

解説

イ．（正）液化石油ガス販売事業者が，その従業者に対して行う保安教育の計画を立案することは，業務主任者の業務の一環です。

ロ．（正）貯蔵設備には，消火設備を設けなければなりません。

ハ．（誤）充てん容器に係る貯蔵施設に不燃性又は難燃性の材料を使用した軽量な屋根を設けるべき定めがあります。

【保安管理技術】

問 1. 正解 (4) ロ

解説

イ．（誤）ブタンの分子式は C_4H_{10} ですので，1 モルの質量は，$12 \times 4 + 1 \times 10 = 58\,g$ となります。

ロ．（正）プロパン分子は，炭素原子 3 個と水素原子 8 個とが結合している飽和炭化水素です。

ハ．（誤）可燃物が燃焼するための条件は，可燃物自身があることに加えて，点火源があること，そして，窒素供給源ではなくて，酸素供給源があることです。

ニ．（誤）蒸発熱も凝縮熱も潜熱です。潜熱とは，温度が変化することなく，物質の相（液体とか固体とか気体のこと）が変化することです。

問2. 正解 ③ イ，ハ

解説

イ．（正）パスカルは，単位面積当たりの力（ニュートン）ですね。

ロ．（誤）ワットは，時間当たりの熱量（ジュール）ですので，$1\,\mathrm{W}=1\,\mathrm{J/s}$ です。

ハ．（正）ジュールは，1ニュートンの力で1mだけ移動させた場合の仕事量です。

ニ．（誤）力（ニュートン）は質量に加速度（m/s²）を掛けたものです。 s³ ではなくて s² です。$1\,\mathrm{N}=1\,\mathrm{kg\cdot m/s^2}$ が正解です。

問3. 正解 ④ イ，ロ，ハ

解説

　附属品検査に合格した容器バルブの場合には，肢イは，「附属品製造業者の名称またはその符号」が正しいことになります。

　登録附属品製造業者の場合は「附属品製造業者の名称またはその符号」に代えて「登録附属品製造業者の名称またはその符号」を刻印します。

　また，肢ニの質量の記号は W であって，TP ではありません。

　正しい事項としては，肢イ，肢ロおよび肢ハとなります。

> 附属品検査とは
> 高圧ガス保安法第49条の2第1項に基づくもので
> 容器バルブの他に
> 安全弁と緊急しゃ断装置が対象になるんですね

問4. 正解 ① イ，ロ

解説

イ．（正）容器の材料としては，一般に炭素鋼が用いられる。

ロ．（正）消費者先に設置された容器は，一般に肩部より底部のほうが腐食されやすいです。

ハ．（誤）容器バルブの充てん口のねじは，一般に右ねじではありません。 左ねじです。

ニ．（誤）容器バルブに組み込まれる安全弁は，バネ式安全弁（スプリング式安全弁）です。

問 5. 正解 ⑴ イ

解説

イ．（正）調整器より 10 cm 高い位置にガスメーターを設置することは正しいことです。調整器とガスメーターの間はできるだけドライに（液が溜まらずに）しておきたいので，ガスメーターの入口は調整器より 5 cm 以上高い位置に設置することになっています。ガスメーター入口部分に水分や油分が溜まると計測不良が起こるおそれがあります。

ロ．（誤）マイコンメータ S や E には感震器が内蔵されていますが，ガスの使用中に震度 3 ではなくて，震度 5 相当の地震を感知した場合にガスを遮断します。震度 3 は一般にまだそれほど気にする水準ではありません。

ハ．（誤）「流量式」微少漏洩警告機能が流量で漏洩を検知する機能であるのに対し，「圧力式」微少漏洩警告機能は，圧力による漏洩検知機能です。圧力式微少漏洩警告機能は，「ガス使用中」ではなく，「ガスを使用していない時」に，圧力センサによって調整器出口から燃焼器入口までの漏洩をチェックして検知した場合に警告表示する機能です。ガスの使用中には圧力変動があって漏れは検知できません。使用していないときには徐々に圧力が下がることを検知できます。

ニ．（誤）検定に合格したガスメーターには検定証印等が付けられていますが，この検定証印等が脱落している場合には，検定有効期間の中であっても使用することができません。（検定証印等は，通常鉛玉と呼ばれるものの片面に記載されていて，その裏面に検定有効期間満了年月が記されます。検定証印等が脱落している場合には，検定有効期間満了年月も脱落しているはずです。）

問 6. 正解 ⑴ イ，ロ，ハ

解説

イ．（正）メカニカル継手は，ねじを切らないままの管を継手本体に挿入し，座金，ナットあるいは，パッキンなどを用いて接合する方式の継手のことです。

ロ．（正）ガス用ポリエチレン管は，電気的腐食や化学的腐食のおそれがほとんどない材料であり，屋外の埋設部に使用できます。ただし，直射日光や熱などには弱いので，露出部に用いることは不適当です。

ハ．（正）四フッ化エチレン製テープを，配管ねじ込み接合部の漏洩防止材

として，配管の雄ねじ部に巻きつけて用いることは問題ありません。

ニ．（誤）集団供給方式の集合装置において，その高圧配管用として配管用炭素鋼鋼管（SGP）に亜鉛めっきを施した白ガス管を用いることはよろしくありません。ここには圧力配管用炭素鋼鋼管（STPG）を使用します。

問7．正解 (2) イ，ニ

（解説）

イ．（正）電気的絶縁継手は，腐食電流を配管の必要な場所あるいは必要な間隔で遮断するために用いられます。

ロ．（誤）埋設部の継手部に使用するシール材は，継手の可撓性を持たせておくために，乾性ではなく，不乾性のものでなければなりません。

ハ．（誤）記述は逆になっています。圧力配管用炭素鋼鋼管（STPG）は，同一呼び径の場合には，そのスケジュール番号が大きいほど肉厚が厚くて耐圧性能も優れている。

ニ．（正）配管記号として Ⓥ は蒸発器（気化器）を，Ⓡ は単段式調整器を意味しています。

問8．正解 (2) ロ

（解説）

イ．（誤）機械式自記圧力計は，1年に1回以上ではなくて，6ヶ月に1回以上の頻度で，マノメータと比較試験を行って合格することを確認します。

ロ．（正）機械式自記圧力計は，LPガス設備に関する配管の気密試験，漏洩試験，調整器の検査などに用いられます。

ハ．（誤）電気式ダイヤフラム式自記圧力計は，高精度の精密機器であるからこそ，測定するガスの温度変動によって誤差が出る心配があります。

ニ．（誤）ボーリングバーは，地中に埋め込まれた配管のガス漏洩検査のために，硬い表土を貫孔するための機器です。

問9．正解 (2) イ，ロ，ニ

（解説）

イ．（正）張力式のガス放出防止型ホースは，落雷や地震で容器が転倒するなどの要因で高圧ホースに所定の引張力が加わると，防止機構が働いてガ

スを遮断するものです。

ロ．（正）不完全燃焼警報器は一酸化炭素警報器でもあり，ガス漏れ警報器と組み合わせた複合型のものもあります。

ハ．（誤）不完全燃焼警報器は，燃焼器の排気が直接当たるところに設置することは不適当です。燃焼器の真上，および，燃焼排ガス，湯気，油煙などが直接当たるおそれのある場所には設置してはいけないことになっています。

ニ．（正）対震自動ガス遮断器には，復帰安全機構が組み込まれており，その下流側に所定以上のガス漏れがある場合には，復帰できないものになっています。

問10．正解　⑸　ニ

（解説）

イ．（誤）開放燃焼式とは，燃焼用の空気を屋内からとりますが，燃焼排ガスもそのまま屋内に排出するものをいいます。

ロ．（誤）誤りです。RF方式とは，燃焼器を屋外に設け，給排気を屋外で行う方式のことです。

ハ．（誤）これも誤りです。こんろは，調理場における開放式ガス燃焼器（給排気とも室内）になります。

ニ．（正）BF式ふろがまは，バランス式と呼ばれる構造で，密閉燃焼式で，自然給排気式のガス燃焼器です。

問11．正解　⑸　ハ，ニ

（解説）

イ．（誤）不完全燃焼防止装置の検知部としては，主に温度ヒューズではなく，熱電対やフレームロッドが用いられます。

ロ．（誤）過熱防止装置は，燃焼器本体の温度が異常に上昇したり，火災の危険が生じたりする前に，バーナへの通路を閉じる装置です。

ハ．（正）熱電対式の立ち消え安全装置は，バーナ部に取り付けられた熱電対の熱起電力によって炎の有無を検知します。

ニ．（正）瞬間湯沸器およびふろがまには，立ち消え安全装置を取り付けることが義務づけられています。

問 12.　正解　⑷　イ，ニ

解説

イ．（正）加圧式消火器は，容器本体に腐食があると使用時に容器が破裂するおそれがあるので，6ヶ月以内ごとの定期的な外観点検が必要です。

ロ．（誤）貯蔵施設の屋根として，ポリエチレン製の板材は認められていません。

ハ．（誤）能力単位としてA−4およびB−10の粉末消火器を設置することは正しいのですが，床面積 30 m² の貯蔵施設には，50 m² ごとに1個以上という規定の運用として，1個の場合には2個にするように決められています（2個未満の場合は2個とされています）。

ニ．（正）貯蔵施設に耐圧防爆構造の照明設備を設けることは適切です。

問 13.　正解　⑵　イ，ロ，ニ

解説

イ．（正）LP ガス配管の圧力損失は，その中を流れる LP ガスの流量が増えるほど，大となります。

ロ．（正）一般家庭への LP ガス供給として，容器を戸別に取り付ける場合には，専用の蒸発器を設けることは少なく，LP ガスの容器が外気からの伝熱で蒸発器としての機能を果たします。

ハ．（誤）複数の燃焼器がある場合の，家庭用 LP ガスの最大ガス消費量を求めるには，それらの燃焼器のうち最もガス消費量の大きい燃焼器のガス消費量ではなくて，全ての燃焼器のガス消費量の合計量をもって最大ガス消費量とします。

ニ．（正）供給設備として設置した 50 kg 型容器の地震による転倒を防ぐため，2本の鎖を用いて，1本目は容器の底部から容器の高さの 3/4，2本目は 1/4 の位置にそれぞれ取り付けることは適切です。

問 14.　正解　⑴　イ

解説

イ．（正）8階建ての中層住宅への供給設備として，高さによる圧力損失を考慮し，（低圧供給方式ではなくて）中圧供給方式を採用することは妥当です。

ロ．（誤）供給管の埋設部の腐食を防ぐために，電気防食法として流電陽極

法で用いる陽極材料は，通常はタングステンではなくて，マグネシウムが
用いられます。

ハ．（誤）2系列方式小規模集団供給方式および2系列方式中規模集団供給
　　方式の片側容器設置本数は，最大ガス消費量（集団）の70%に1.1倍の
　　安全率を掛けて求めます。

ニ．（誤）白ガス管は黒管などよりも腐食しにくいのですが，埋設部の配管
　　材料として用いることは不適当です。

問15. 正解 ⑶ イ，ハ，ニ

解説

イ．（正）新型バルクローリ（充てん設備）には，充てん作業中に自動車の
　　衝突などの異常な衝撃を検知した際に，充てんを自動的に停止する機能が
　　設けられています。

ロ．（誤）バルク貯槽は大容量ではありますが，複数のバルク貯槽を接続し
　　て液移動が行われるとその影響を受けることはあります。ここでいう液移
　　動とは，容器や貯槽間に温度差が生じた場合に，温度の高い側から温度の
　　低い側にLPガスが流れていく現象のことです。

ハ．（正）バルク供給方式では，ポンプあるいは圧縮機を備えたバルクロー
　　リが，消費先のバルク貯槽などにLPガスを供給します。

ニ．（正）バルク貯槽には，LPガスの受入に際して，液面が設定位置に達
　　した場合に液の取り入れを停止する過充てん防止装置が設けられている。

問16. 正解 ⑸ ロ，ハ，ニ

解説

イ．（誤）新型バルクローリ（充てん設備）は，通常の充てん作業における
　　ポンプの起動や停止，あるいは，異常時における緊急停止などの操作を遠
　　隔で行うことができるようになっています。

ロ．（正）新型バルクローリ（充てん設備）の充てんホース先端のカップリ
　　ング用液流出防止装置には，充てん作業において大気へLPガスを極力漏
　　らさずにバルク貯槽などのカップリングとの接続および取外しを行える機
　　能があります。

ハ．（正）地下埋設バルク貯槽の設置に際して，バルク貯槽の浮き上がり防
　　止のためにコンクリート板にベルト掛けで固定することは適切です。

ニ． （正）新型バルクローリ（充てん設備）には，充てん作業中にいたずら
などで操作箱の扉が開くなどの場合に，充てん作業を自動停止する機能が
あります。

問17．正解 ⑶ イ，ロ，ハ，ニ

解説

イ． （正）消費型蒸発器において使用されるサーモバルブは，熱媒の温度低
下を検知し，液状のLPガスの流出を防止するために設けられます。

ロ． （正）LPガス燃焼装置は，灯油などの液体燃料の燃焼装置と比べて，
空気との混合がブラストバーナの使用でスムーズに行われるため，高負荷
燃焼が容易に可能です。

ハ． （正）ダイリュートガスは，空気により希釈されているので，比重も空
気に近くなり，無風状態でなければ，万一漏洩してもガスの滞留のおそれ
は減少する。

ニ． （正）ベーパライザミキサは蒸発器出口のLPガスに空気を混合する装
置であり，方式として，ベンチュリ管式，ブロワ式，流量比例制御式など
があります。

問18．正解 ⑴ イ

解説

イ． （正）容器交換時に充てん容器を集合装置に接続し，容器バルブを開い
た際に，弁棒とグランドナットの間からガス漏れがあったため，充てん容
器を集合装置から取り外して持ち帰ったことは適切な措置です。

ロ． （誤）既設の消費者の供給管と配管の変更作業を，責任者の監督下にお
いて完了したといっても，LPガスの漏洩の有無を確認してからガスの供
給を開始しなければなりません。

ハ． （誤）LPガス消費者の消費設備を供給開始時に規則で定める技術上の
基準に適合していることの調査を行ったとしても，その後定期的に行う必
要があります。

ニ． （誤）貯蔵施設の敷地においては，充てん容器と残ガス容器を区分して
おかなくてはなりません。混在させて置くことは許されません。

【保安管理技術】模擬問題の解答と解説

問 19.　正解　(5)　ニ

(解説)

イ．（誤）貯蔵施設内において，充てん容器を常に 40℃ 以下に保つ必要が
あります。

ロ．（誤）貯蔵施設内において，充てん容器と残ガス容器とを区分して置く
必要があることになっています。

ハ．（誤）漏洩検知装置の警告表示の有無の確認は 6 ヶ月に 1 回ではいけま
せん。その確認は 2 ヶ月に 1 回以上となっています。

ニ．（正）漏洩検知装置の警告表示の有無の確認の関係帳簿を 1 年間保管し
たことは適切です。

問 20.　正解　(4)　ロ

(解説)

イ．（誤）グランドナットを弁本体に取り付けるためのねじは，メーカーに
よって右ねじのものも左ねじのものもあるのですが，充てん口のねじは必
ず左ねじになっています。このことは問われやすいので気をつけて下さ
い。

ロ．（正）家庭用に用いられる 50 kg 型の LP ガス容器には，基本的に溶接
容器が使用され，その材質としては主として炭素鋼が用いられています。

ハ．（誤）自動切替式調整器の調整圧力上限値は 3.5 kPa ではなくて，3.3 kPa
です。細かい数字ですが，重要ですのでよく確認しておいて下さい。

ニ．（誤）マイコンメーターの上流の漏れは原理的にマイコンメーターでは
検出できません。流量式微少漏洩警告機能は，マイコンメーターより下流
側に所定の期間において連続して微少なガス漏れが検出された場合に，微
少漏洩や口火の連続使用として警告を表示する機能です。

索引

編著者紹介

サツキ研究所

工学・技術・環境系の資格試験の研究のために結成された専門家グループ

※法改正・正誤などの情報は，当社ウェブサイトで公開しております。
　http : //www.kobunsha.org/
※本書の内容に関して，万一ご不審な点や誤り，記載漏れなどお気付きの点がありましたら，郵送・FAX・E メールのいずれかの方法で当社編集部宛に，書籍名・お名前・ご住所・お電話番号を明記し，お問い合わせください。なお，お電話によるお問い合わせはお受けしておりません。
　郵送　〒546-0012 大阪府大阪市東住吉区中野 2 - 1 - 27
　FAX　(06) 6702-4732
　E メール　henshu 2@kobunsha.org
※本書の内容に関して運用した結果の影響については，責任を負いかねる場合がございます。本書の内容に関するお問い合わせは，試験日の 10 日前必着とさせていただきます。

最速合格　第二種　高圧ガス販売主任者試験

編　著　者	サツキ研究所
印刷・製本	亜細亜印刷㈱

発　行　所	株式会社 弘文社	〒546-0012 大阪市東住吉区中野2丁目1番27号 TEL　(06)6797-7441 FAX　(06)6702-4732 振替口座 00940-2-43630 東住吉郵便局私書箱1号
代　表　者	岡﨑　　靖	

落丁・乱丁本はお取り替えいたします。